◉ 電気・電子工学ライブラリ ◉
UKE-A7

ディジタル電子回路

木村誠聡

数理工学社

編者のことば

　電気磁気学を基礎とする電気電子工学は，環境・エネルギーや通信情報分野など社会のインフラを構築し社会システムの高機能化を進める重要な基盤技術の一つである．また，日々伝えられる再生可能エネルギーや新素材の開発，新しいインターネット通信方式の考案など，今まで電気電子技術が適用できなかった応用分野を開拓し境界領域を拡大し続けて，社会システムの再構築を促進し一般の多くの人々の利用を飛躍的に拡大させている．

　このようにダイナミックに発展を遂げている電気電子技術の基礎的内容を整理して体系化し，科学技術の分野で一般社会に貢献をしたいと思っている多くの大学・高専の学生諸君や若い研究者・技術者に伝えることも科学技術を継続的に発展させるためには必要であると思う．

　本ライブラリは，日々進化し高度化する電気電子技術の基礎となる重要な学術を整理して体系化し，それぞれの分野をより深くさらに学ぶための基本となる内容を精査して取り上げた教科書を集大成したものである．

　本ライブラリ編集の基本方針は，以下のとおりである．
1) 今後の電気電子工学教育のニーズに合った使い易く分かり易い教科書．
2) 最新の知見の流れを取り入れ，創造性教育などにも配慮した電気電子工学基礎領域全般に亘る斬新な書目群．
3) 内容的には大学・高専の学生と若い研究者・技術者を読者として想定．
4) 例題を出来るだけ多用し読者の理解を助け，実践的な応用力の涵養を促進．

　本ライブラリの書目群は，I 基礎・共通，II 物性・新素材，III 信号処理・通信，IV エネルギー・制御，から構成されている．

　書目群 I の基礎・共通は 9 書目である．電気・電子通信系技術の基礎と共通書目を取り上げた．

　書目群 II の物性・新素材は 7 書目である．この書目群は，誘電体・半導体・磁性体のそれぞれの電気磁気的性質の基礎から説きおこし半導体物性や半導体デバイスを中心に書目を配置している．

　書目群 III の信号処理・通信は 5 書目である．この書目群では信号処理の基本から信号伝送，信号通信ネットワーク，応用分野が拡大する電磁波，および

電気電子工学の医療技術への応用などを取り上げた．

書目群 IV のエネルギー，制御は 10 書目である．電気エネルギーの発生，輸送・伝送，伝達・変換，処理や利用技術とこのシステムの制御などである．

「電気文明の時代」の 20 世紀に引き続き，今世紀も環境・エネルギーと情報通信分野など社会インフラシステムの再構築と先端技術の開発を支える分野で，社会に貢献し活躍を望む若い方々の座右の書群になることを希望したい．

2011 年 9 月

編者　松瀬貢規
湯本雅恵
西方正司
井家上哲史

「電気・電子工学ライブラリ」書目一覧

書目群 I（基礎・共通）
1. 電気電子基礎数学
2. 電磁気学
3. 電気回路
4. 基礎電気電子計測
5. 応用電気電子計測
6. アナログ電子回路の基礎
7. ディジタル電子回路
8. ディジタル工学
9. コンピュータ工学

書目群 II（物性・新素材）
1. 電気電子材料
2. 半導体物性
3. 半導体デバイス
4. 集積回路工学
5. 光・電子工学
6. 高電界物性
7. 電気電子化学

書目群 III（信号処理・通信）
1. 信号処理の基礎
2. 情報通信工学
3. 情報ネットワーク
4. 電磁波工学
5. 生体電子工学

書目群 IV（エネルギー・制御）
1. 環境とエネルギー
2. 電力発生工学
3. 電力システム工学の基礎
4. 超電導・応用
5. 基礎制御工学
6. システム解析
7. 電気機器学
8. パワーエレクトロニクス
9. アクチュエータ工学
10. ロボット工学

まえがき

　情報化社会の発展に伴い，コンピュータの重要性は益々増しており，その基本的な構成要素であるディジタル電子回路はマイクロエレクトロニクスの中心技術であるといってよい．このマイクロエレクトロニクス技術によって我々の身の周りの電子機器は小型で高機能となっている．つまり身の周りにある電子機器はディジタル電子回路の集大成であり，よってディジタル電子回路を学ぶことで身の周りの電子機器をより一層身近なものにすることができると考えられる．そこで本書は著者の製品開発に携わった経験をもとに，ディジタル電子回路を学ぼうとしている読者が今後必要であろうという知識を網羅してある．

　ディジタル電子回路は論理回路を中心として，数値表現やパルス信号，そしてステートマシンなどについての知識が必要である．特に0と1の論理だけでなく，アナログ的なパルス信号の考え方も必要であると考えている．本書ではこれらについて理解してもらうことを目標に以下のように章立てを構成した．1章から3章までは基礎的な知識について説明してあり，1章はディジタル電子回路で使用される数値表現と単位について，2章は論理数学とブール代数について，3章は基本的な論理素子について述べている．4章から6章までは論理素子を複数組み合わせた回路について説明してあり，4章は基本的な組み合わせ回路について，5章は状態を記憶する回路であるフリップフロップについて，6章は内部状態を考慮して出力を決定する順序回路について述べている．7章から9章までは応用的な制御回路やメモリ回路から基本的なパルス信号について説明してあり，7章はディジタル電子回路の状態を制御するステートマシンについて，8章はディジタル電子回路で用いられるパルス信号について，9章は情報を記憶するメモリ回路について述べている．

　ディジタル電子回路は複雑そうに見えるが，本書の各章を学ぶことでディジタル電子回路は基本的な事柄の組み合わせに過ぎないことが理解でき，ディジ

まえがき

タル電子回路に対してさらなる興味を惹かせる手助けになれば幸いである．なお，本書では多くの書籍・文献を参考にさせて頂いた．著者の方々には厚くお礼を申し上げる．また，本書で扱う記号や図記号についても特殊なものもあるため，目次後に記載してある．最後に本書を執筆する機会を与えて頂いた東京都市大学の湯本雅恵教授と数理工学社の編集諸氏に感謝の意を表す．

2012 年 3 月

木 村 誠 聡

目　　次

第1章

基本的な数値表現と単位　　1
1.1　数値表現（2進数，10進数，16進数）……………… 2
1.2　基本的な単位………………………………………… 10
1.3　2進数とデータ表現…………………………………… 15
1.4　アナログとディジタル………………………………… 18
　　　1 章 の 問 題…………………………………………… 21

第2章

論理数学と演算　　23
2.1　論 理 数 学……………………………………………… 24
2.2　真 理 値 表……………………………………………… 27
2.3　ブール代数とド・モルガンの法則………………… 29
2.4　論理の簡単化…………………………………………… 32
　　　2 章 の 問 題…………………………………………… 39

第3章

論理回路の基本　　41
3.1　論理素子の実現………………………………………… 42
3.2　ディジタル回路で使う部品…………………………… 47
3.3　ディジタル電子回路部品の特性と規格表…………… 51
　　　3 章 の 問 題…………………………………………… 56

第4章

組み合わせ回路　　　　57

- 4.1 組み合わせ回路 ……………………………………… 58
- 4.2 加算回路 ……………………………………………… 60
- 4.3 減算回路 ……………………………………………… 64
- 4.4 デコーダ・エンコーダ ……………………………… 66
- 4.5 セレクタ ……………………………………………… 68
- 4.6 比較回路 ……………………………………………… 71
- 4章の問題 ……………………………………………… 72

第5章

フリップフロップ　　　　73

- 5.1 フリップフロップ …………………………………… 74
- 5.2 SR-フリップフロップ ……………………………… 75
- 5.3 非同期回路と同期回路 ……………………………… 77
- 5.4 各種フリップフロップ ……………………………… 80
- 5章の問題 ……………………………………………… 86

第6章

順序回路　　　　87

- 6.1 順序回路の基本 ……………………………………… 88
- 6.2 カウンタ回路 ………………………………………… 89
- 6.3 シフトレジスタ ……………………………………… 95
- 6.4 リセット回路 ………………………………………… 98
- 6章の問題 ……………………………………………… 99

第7章

ステートマシン　　　　101

- 7.1 ステートマシンの基本 ………………………………102
- 7.2 状態遷移図 ……………………………………………103
- 7.3 ステートマシンのモデル ……………………………104
- 7.4 状態遷移図を用いたディジタル電子回路の設計例 ……106
- 7.5 デッドロックの回避 (WDT) …………………………109
- 7章の問題 ………………………………………………111

第8章
パルス回路　113
   8.1　パルス信号 ·· 114
   8.2　パルス信号と微積分回路 ······································ 117
   8.3　パルス信号とスイッチング回路 ····························· 122
   8.4　マルチバイブレータ ·· 126
   8.5　シュミットトリガ ·· 135
   8.6　ハザードの回避 ··· 138
   8.7　AD 変換, DA 変換 ·· 140
   8 章 の 問 題 ··· 147

第9章
メモリ回路（記憶回路）　149
   9.1　メモリ回路とは ··· 150
   9.2　メモリの種類 ·· 151
   9.3　組み合わせ回路とメモリの関係 ····························· 157
   9 章 の 問 題 ··· 160

演習問題解答　161

参 考 文 献　172

索　　引　173

コラム
   トランジスタの発明 ·· 46
   アナログ–ディジタル混在型 IC ··································· 50
   5 大装置と組み合わせ回路 ··· 70
   パルス信号の遅延処理 ··· 125

電気用図記号について

　本書の回路図は，JIS C 0301 の電気用図記号の表記（表右列）にしたがって作成したが，実際の作業現場や論文などでは新 JIS の表記（表中列）を用いる場合も多い．参考までによく使用される記号の対応を以下の表に示す．

	新 JIS 記号 (C 0617)	旧 JIS 記号 (C 0301)
電気抵抗，抵抗器		
スイッチ		
半導体 （ダイオード）		
接地 （アース）		
インダクタンス，コイル		
電源		
ランプ		

　本書で紹介している製品例は，Texas Instruments Incorporated および日本テキサス・インスツルメンツ社のデータシート，仕様書より引用しています．

第1章
基本的な数値表現と単位

　本章ではディジタル電子回路の基本的な数の表現方法である 2 進数や日常で使われる 10 進数，さらに 2 進数を人が分かりやすい表現にできる 16 進数について学ぶ．

　またアナログとディジタルの違いや変換についても学ぶ．

> **1章で学ぶ概念・キーワード**
> - 2 進数，補数
> - 単位，データ表現
> - AD 変換

第1章 基本的な数値表現と単位

1.1 数値表現（2進数，10進数，16進数）

数は基数を用いて図 1.1 のような多項式により表現される．

$$N = \alpha_n r^n + \alpha_{n-1} r^{n-1} + \alpha_{n-2} r^{n-2} + \cdots + \alpha_1 r^1 + \alpha_0 r^0$$

図 1.1　基数の表現

r は**基数** (radix) と呼ばれ，r 進法と表記される．α は使う進数により 0 から $r-1$ までの数値（記号）が使われる．なお r^0 は r によらず 1 になる．

1.1.1　10進数と2進数

(a) 10進数

数は複数の記号を使って表現される．0, 1, 2, 3, 4, 5, 6, 7, 8, 9 の 10 種類の記号を使って数を表すのが **10 進数**である．図 1.2 のように 0 から 9 までは 1 桁で表現するが，9 より上は複数の桁で数を表現する．

$0 \to 1 \to 2 \to 3 \to 4 \to 5 \to 6 \to 7 \to 8 \to 9 \to \boxed{10} \to 11 \to 12 \to \cdots$
$\to 99 \to 100 \to 101 \to \cdots$

複数の桁で数を表現する

図 1.2　10 進数と桁上がり

■ **例題 1.1** ■

10 進数の 5674 を基数の**多項式**で表現せよ．

【解答】

$$\begin{aligned} 5678 &= 5 \times 10^3 + 6 \times 10^2 + 7 \times 10^1 + 4 \times 10^0 \\ &= 5 \times 1000 + 6 \times 100 + 7 \times 10 + 4 \times 1 \\ &= 5000 + 600 + 70 + 4 \end{aligned}$$

となる．

(b) 2進数とは

2進数は 0 と 1 の 2 種類の記号を使って数を表す．図 1.3 のように 0 と 1 の

1.1 数値表現（2進数，10進数，16進数）

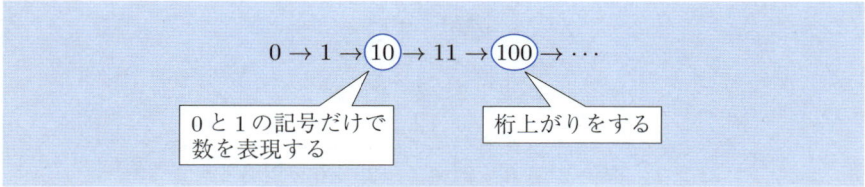

図 1.3　2進数と桁上がり

次は桁上がりをして 10 と表現される．

■ 例題 1.2 ■

2進数の 101101_2 を基数の多項式で表現せよ．

【解答】

$$101101_2 = 1 \times 2^5 + 0 \times 2^4 + 1 \times 2^3 + 1 \times 2^2 + 0 \times 2^1 + 1 \times 2^0$$

となる．

(c) 10進数から2進数への変換

整数の 10 進数から 2 進数への変換は図 1.4 のように 10 進数を 2 進数で割り続ける**連除法**によって求める．最終的に商が 0 になるまで繰り返し割り続け，割ったときの余りを下から並び替えることで 2 進数の整数を求めることができる．

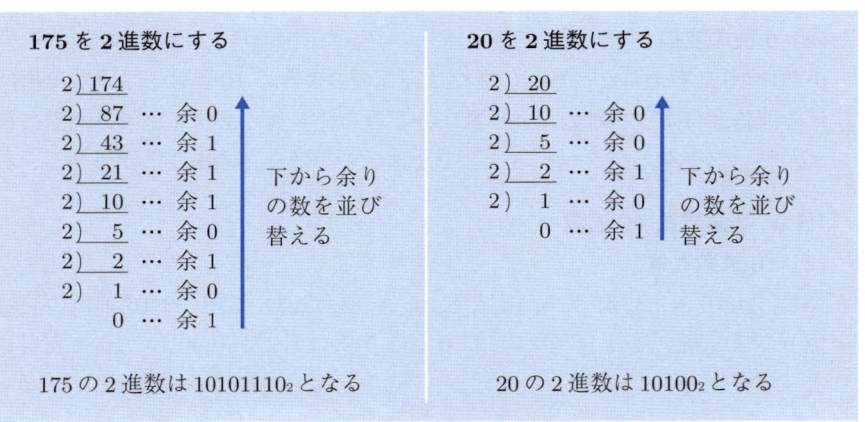

図 1.4　10進数から2進数への変換

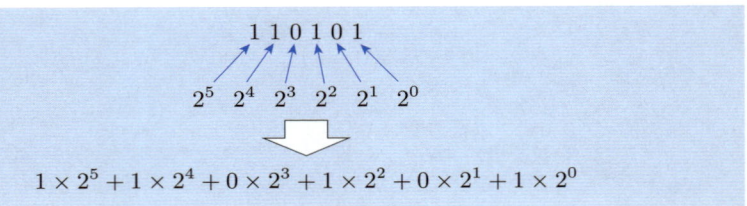

図 1.5　2 進数と多項式

(d) 2 進数から 10 進数への変換

2 進数から 10 進数へ変換する場合，基数の表現を応用することで変換することができる．これは図 1.5 のように 2 進数の各桁の 0 または 1 が 2^n の重みで構成されており，これら各桁と重みは多項式で表現されることになる．

例えば，2 進数の 101101_2 を基数の多項式で表現すると，

$$101101_2 = 1 \times 2^5 + 0 \times 2^4 + 1 \times 2^3 + 1 \times 2^2 + 0 \times 2^1 + 1 \times 2^0$$

となるので，2^n についてそれぞれ求めると，

$$1 \times 2^5 + 0 \times 2^4 + 1 \times 2^3 + 1 \times 2^2 + 0 \times 2^1 + 1 \times 2^0$$
$$= 1 \times 32 + 0 \times 16 + 1 \times 8 + 1 \times 4 + 0 \times 2 + 1 \times 1$$
$$= 32 + 8 + 4 + 1 = 45$$

となり，2 進数の 101101_2 は 10 進数では 45 と求められる．

(e) 小数の変換

小数の 10 進数から 2 進数への変換は図 1.6 のように 10 進数を 2 進数で掛け続ける**連倍法**によって求める．小数部分だけを繰り返し 2 倍し，掛けた際に得られた整数部分を上から並べることで 2 進数の小数を求めることができる．

1.1.2　2 進数と 16 進数

(a) 16 進数とは

16 進数は 0, 1, 2, 3, 4, 5, 6, 7, 8, 9, A, B, C, D, E, F の 16 種類の記号を使って数を表す．図 1.7 のように 0 と 1 の次は桁上がりをして 10 と表現される．

1.1 数値表現（2進数，10進数，16進数）

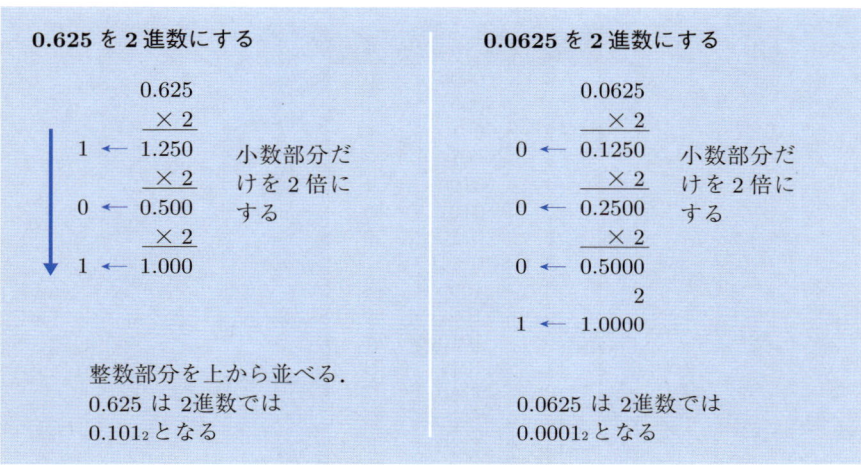

図 1.6　10進小数から2進小数への変換

$0 \to 1 \to \cdots \to 9 \to A \to B \to C \to D \to E \to F \to ⑩ \to 11 \to 12 \to \cdots \to FF \to 100 \to 101 \to \cdots$

Fの次に桁上がりをする

図 1.7　16進数と桁上がり

(b) 2進数から16進数への変換

2進数と16進数の関係は図1.8のとおりであり，16進数の0からFは4桁の2進数で表すことができる．複数の桁数の2進数は図1.9のようにそれぞれ4桁ごとに区切り，16進数に変換することができる．

(c) 16進数から2進数への変換

16進数から2進数の変換は図1.10のようにそれぞれ桁の16進数を4桁の2進数に変換し，変換した2進数を全て合わせることで変換することができる．

10進法	2進法	16進法
0	0000	0
1	0001	1
2	0010	2
3	0011	3
4	0100	4
5	0101	5
6	0110	6
7	0111	7
8	1000	8
9	1001	9
10	1010	A
11	1011	B
12	1100	C
13	1101	D
14	1110	E
15	1111	F
16	10000	10

Fの次は桁上がりする

図 1.8　2進数と16進数の関係

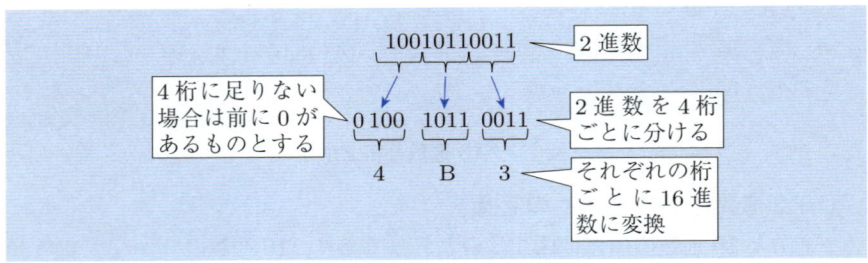

図 1.9　2進数から16進数への変換

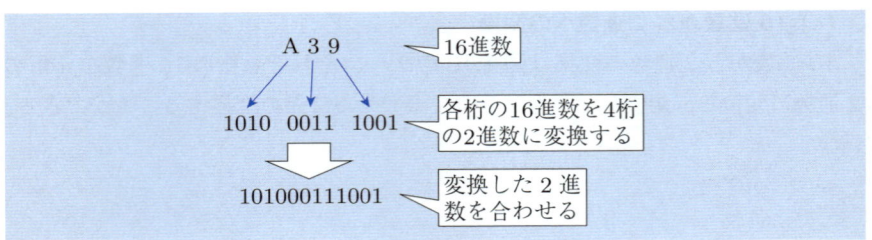

図 1.10　16進数から2進数への変換

1.1.3 負の数値表現

2進数において負の数を表現するのに符号による表現と補数を用いた表現がある．

(a) 符号による負の数の表現

図1.11のように数値に対して一番左に正または負を表す符号を付け加える．符号は **0** が正を表し，**1** が負を表す．この表現方法を**符号付き絶対値表現**と言う．

図1.12の例(1)は一番左が0であるため，この数値は正を表す．数値は10進数では6であるため，例(1)は $+6$ となる．図1.12の例(2)は一番左が1であるため，この数値は負を表す．数値は3であるため，例(2)は -3 となる．

符号付き絶対値表現による数の表現には図1.13のように0に対して正と負が存在してしまう問題がある．これに対し次に説明する2の補数では0の表現が1つとなり，問題とはならない．

(b) 補数

補数 (complement) とはある n 桁の数 N があるとき，補数 C は

$$C = r^{n+1} - N \tag{1.1}$$

で表すことができる．この補数 C は2の補数と呼ばれる．また

$$C_1 = C - r^0 = r^{n+1} - N - r^0 \tag{1.2}$$

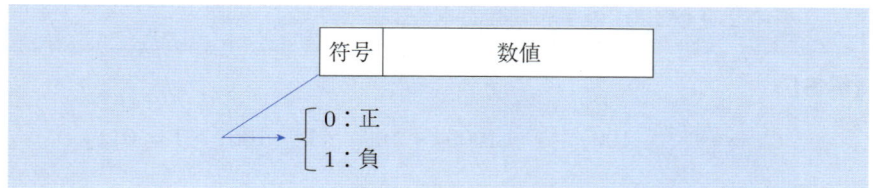

図 1.11　符号による正負の数の表現

図 1.12　符号付き絶対値表現の例

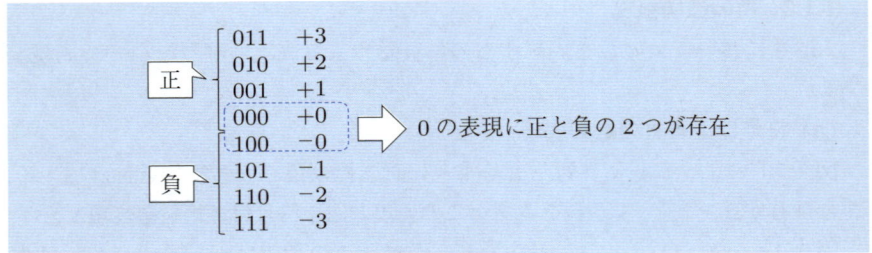

図 1.13　符号による数の表現

である補数 C_1 は 1 の補数と呼ばれる．なお r^0 は 1 であるため，結果として

$$C_1 = r^{n+1} - N - 1 \tag{1.3}$$

となる．

[1] 1 の補数

2 進数による **1 の補数**は式 (1.3) より N が 0 のとき 2^1-0-1 より $10-0-1$ となり，C_1 は 1 となる．また N が 1 のとき 2^1-1-1 より $10-1-1$ となり，C_1 は 0 となる．これから複数の桁について考えると，2 進数における 1 の補数は各桁の 0 を 1 に，1 を 0 にそれぞれ反転することで求めることができる．

■ **例題 1.3** ■

3 桁の 2 進数 100_2 の 1 の補数を求めよ．

【解答】

$$C_1 = r^{n+1} - 100_2 - 1 = 1000_2 - 100_2 - 1 = 100_2 - 1 = 011_2$$

となる．

011_2 は 100_2 の 1 を 0 に，0 を 1 に反転することで得られる．■

[2] 2 の補数

2 進数による **2 の補数**は式 (1.3) の $C_1 = r^{n+1} - N - 1$ より

$$C = C_1 + 1$$

で求めることができる．つまり，1 の補数を求めた後，1 を加えることで 2 の補数を求めることができる．

1.1 数値表現（2進数，10進数，16進数）

■ 例題 1.4 ■

3桁の2進数 010_2 の2の補数を求めよ．

【解答】 010_2 の1の補数はそれぞれの桁を反転することで求まる．よって 010_2 の1の補数は 101_2 となる．2の補数は 101_2 に1を加えることで以下のように求めることができる．

$$C = C_1 + 1 = 101_2 + 1 = 110_2$$

この2の補数は図1.14のように0の表現が1つとなるため，負数を表すのに適している．

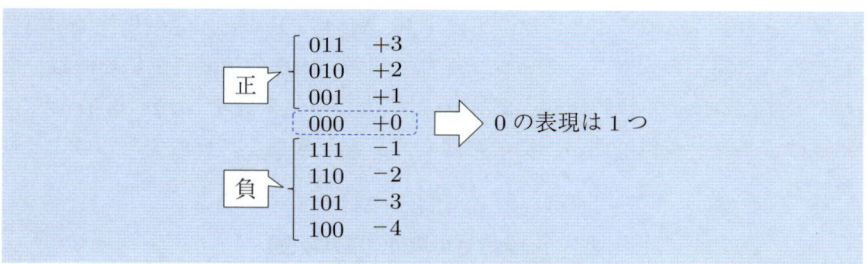

図 1.14　2の補数による0

1.2 基本的な単位

ディジタル電子回路を扱うには回路で扱われる種々の「単位」について理解しておく必要がある．ここでは「大きさの単位」「電気的な単位」「時間的な単位」について学ぶ．

1.2.1 大きさの単位（補助単位）

ディジタル電子回路では 10000000 や 0.0000001 のような 0 の数が沢山ある桁数の単位を扱うことが多い．そこで国際単位系である **SI 単位系**では 10^3 または 10^{-3} ごとに単位を表す記号が定められている．これを補助単位と呼ぶ．

表 1.1 のように 10^3 ごとに単位を表す **K, M, G, T** など記号の単位は記憶装置の容量や部品の大きさ，ディジタル電子回路の内部の速度（主に周波数）などを表すためによく使われる．また 10^{-3} ごとに単位を表す **m, μ, n, p** などの記号はディジタル電子回路内部の時間や部品の大きさなどを表すためによく使われる．

表 1.1 大きさの単位（補助単位）

単位	倍数	数値	単位	倍数	数値
K（キロ）	10^3	1000	m（ミリ）	10^{-3}	0.001
M（メガ）	10^6	1000000	μ（マイクロ）	10^{-6}	0.000001
G（ギガ）	10^9	10000000000	n（ナノ）	10^{-9}	0.000000001
T（テラ）	10^{12}	1000000000000	p（ピコ）	10^{-12}	0.000000000001

1.2.2 電気的な単位

ディジタル電子回路は電気回路の 1 つである．電気回路では電圧は V，電流は A という単位記号が決められている．ディジタル電子回路は大きな電流を扱うことは少なく，電圧の大きさによって信号の情報を扱う．

[1] 電圧

アナログ電子回路では大体 ±12 V や ±6 V などの**電圧**が使われるが，表 1.2 のようにディジタル電子回路では 0 V から 5 V の間の電圧が使われる．**TTL** (Transistor-Transistor Logic) と言われる回路では 5 V の電圧が使われている

表 1.2　各半導体における電源電圧と High と Low のしきい値

素子のタイプ	電源電圧	High (1) の電圧	Low (0) の電圧
TTL	$+5\,\mathrm{V}$	$+2\,\mathrm{V}$	$+0.8\,\mathrm{V}$
CMOS	$+2\sim+5\,\mathrm{V}$ ($=\mathrm{Vdd}$)	$\mathrm{Vdd}\times 0.7$	$\mathrm{Vdd}\times 0.2$
低電圧ロジック	$+3.3\,\mathrm{V}$	$+2\,\mathrm{V}$	$+0.8\,\mathrm{V}$
ECL	$-5.2\,\mathrm{V}$	$-0.9\,\mathrm{V}$	$-1.75\,\mathrm{V}$

が，その後低電圧化が進み，$3.3\,\mathrm{V}$ や $2.5\,\mathrm{V}$ といった低い電圧 (Low Voltage[1]) がディジタル電子回路で使われている．それ以外にも大規模な**集積回路** (**LSI**) などの内部電源として，$1.8\,\mathrm{V}$ や $1.5\,\mathrm{V}$，$1.25\,\mathrm{V}$ とさらなる低電圧化が進んでいる．なお，あまり低い電圧で回路を動作させると雑音の影響により問題となる場合があるため，これより低い電圧で使われることはかなり特殊な場合以外はあまりない．なお，特殊なものとしてマイナスの電源を使う**ECL** (Emitter Coupled Logic) と言われる高速回路が存在する．

[2] High(1) と Low(0)

ディジタル電子回路は $0\,\mathrm{V}$ から $5\,\mathrm{V}$ の電圧と論理数学の 0 と 1 の情報を対応させている．ある電圧以上であれば 1 として，ある電圧以下であれば 0 としている．また 1 のときを「**High**」，0 のときを「**Low**」とも言う．

ディジタル電子回路では回路で用いられる電源電圧の 75 % 以上の電圧であれば High として扱い，電源電圧の 20 % 以下であれば Low として扱う．なお，使用される半導体の技術により表 1.2 のようになっており，これを図式化すると図 1.15 のようになる．

図 1.15 から Low と認識する電圧はだいたい $0.8\,\mathrm{V}\sim 0.4\,\mathrm{V}$ 以下となっている．この電圧は半導体内部のトランジスタのベース・エミッタ間電圧 (V_{BE}) や FET のゲート・ソース間電圧 (V_{GS}) によるものである．一方 High については電源電圧から $2\,\mathrm{V}$ までの幅がある．さらに図 1.15 から High でも Low でもない部分が存在していることが分かる．この区間は不定として扱われ，論理的には "1" でも "0" でもないとされる．よって不定の電圧にならない限り，"1" か

---

[1] この Low Voltage という用語はコンピュータのインタフェースにおける信号の電圧の大きさを表現するときにも使われる．

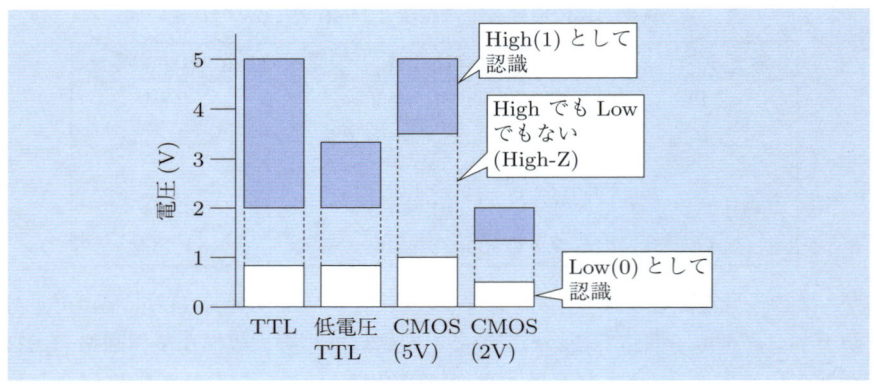

図 1.15　各半導体における High と Low

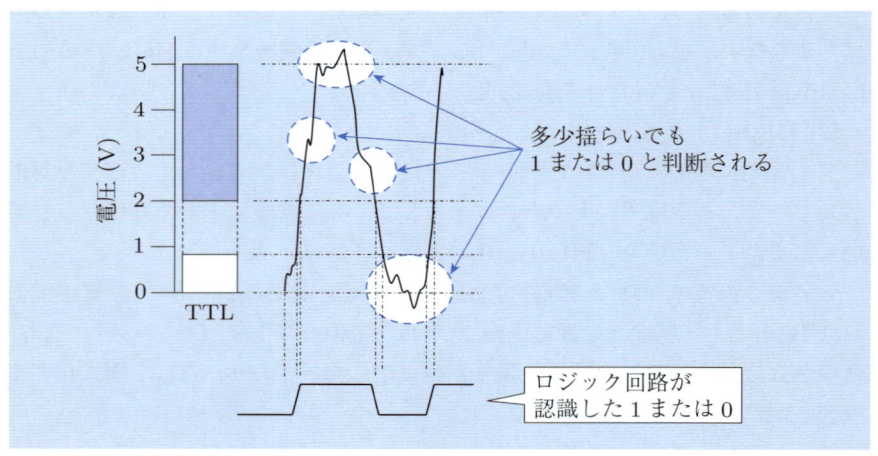

図 1.16　揺らぎのあるディジタル信号

"0" として扱われることになるので，多少の電圧の揺らぎがあったとしても図 1.16 のように "1" または "0" の判断にはまったく問題はない．

　なお，信号が "1" のときに信号が「有効」とすることを**正論理**，信号が "0" のときに信号が「有効」とすることを**負論理**と言う（図 1.17）．信号が正論理で動いているのか，それとも負論理で動いているのかは非常に重要な問題であり，どちらの論理で信号が有効なのかは回路図を見ることで分かるようになっている．

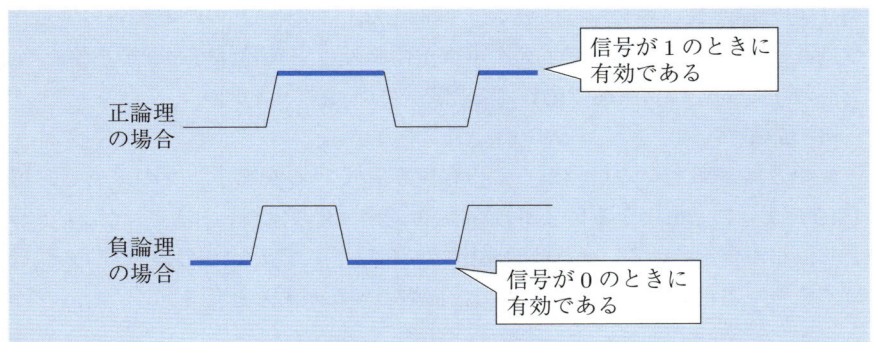

図 1.17　正論理，負論理

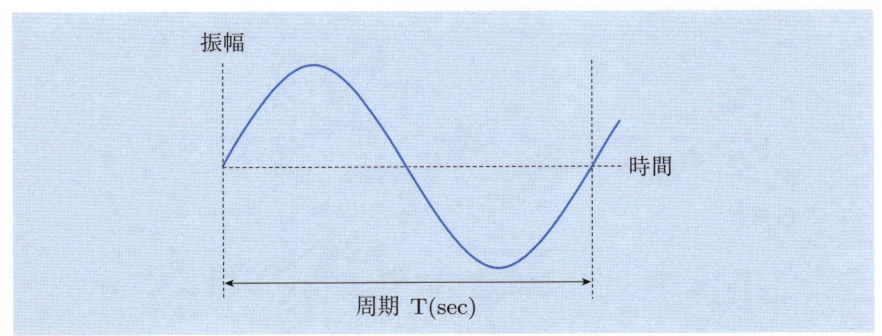

図 1.18　信号と時間

1.2.3　時間的な単位

ディジタル電子回路で使われる時間は秒 (sec) より小さな単位であるマイクロ秒 (μsec) やナノ秒 (nsec) などが使われる．

[1] 周期

図 1.18 のように繰り返される信号がある場合，任意のある振幅値から再び同じ振幅値に至までの期間を**周期**と言い，時間 (sec) で表される．

[2] 周波数

周波数 f と**周期時間** T との関係は以下の式で表される．

$$f = \frac{1}{T} \quad (\text{Hz})$$

周波数の単位は Hz（ヘルツ）であり，周期 T と逆数の関係にある．よって周

期 T の時間が長い場合には周波数 f は低くなり，周期 T の時間が短い場合には周波数 f は高くなる．ディジタル電子回路では主に動作の速さを示すため，周波数 f が高いほど高速で動作する回路であると言える．

[3] 位相

位相とは基準となる信号からどの程度ずれているかを示すものである．図 1.19 のように基準となる信号がある場合，図 1.19 の信号 (a) はずれがない，つまり位相が合っている，または同位相であると言う．図 1.19 の信号 (b) の場合は基準となる信号とずれがあるため，位相のずれがあると言う．

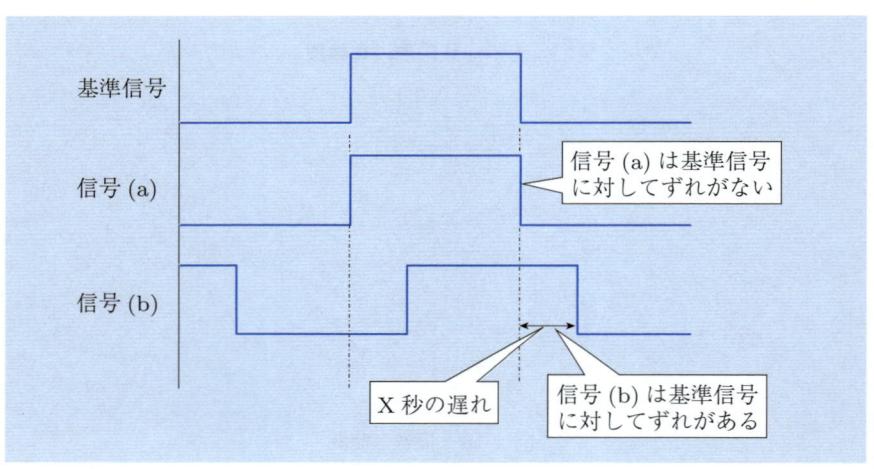

図 1.19　**信号のずれ**

1.3　2 進数とデータ表現

1.3.1　データ表現
(a) 2 進データの表現
[1] 情報の表現 (bit, Byte, Word)

2 進数における 1 桁の 0 または 1 のことを**ビット** (bit) と言う．ビットは論理が持つ最小の情報であり，このビットを 8 つ集めた 8 ビットを 1 **バイト** (Byte)，ビットを 16 個集めた 16 ビットを 1 **ワード** (Word) と言う．なお 1000 バイトは 1K バイトであり，1000000 バイトは 1M バイトとなる．

> ■ **例題 1.5** ■
> 2M バイトは何ワードであり，何ビットになるか．

【解答】2M バイトは 2000000 バイトであり，16000000 ビットである．よって 1000000 ワードとなり，これは 1M ワードである．　■

[2] MSB と LSB

2 進数のビットが複数ある場合，図 1.20 のように一番大きな値を表すビットを **MSB** (Most Significant Bit) と言い，一番小さな値を表すビットを **LSB** (Least Significant Bit) と言う．

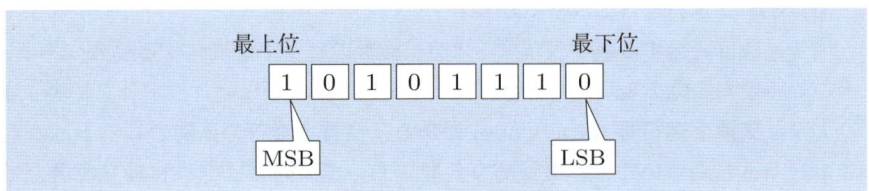

図 1.20　MSB と LSB

(b) 2 進化 10 進数 (BCD)

2 進化 10 進数 (Binary Coded Decimal：BCD) は表 1.3 のように 10 進の 0 から 9 の数を 4 ビットの 2 進数で表したものである．この表現は 10 進数をすぐに 2 進数に変換することができるが，2 桁以上の 10 進数を表現する場合，純粋な 2 進数（純 2 進数）に比べかなりの無駄が生ずる．

表 1.3　2 進化 10 進数と純 2 進数

10 進数	2 進化 10 進数	純 2 進数
0	0000	0000
1	0001	0001
2	0010	0010
3	0011	0011
4	0100	0100
5	0101	0101
6	0110	0110
7	0111	0111
8	1000	1000
9	1001	1001
10	0001 0000	1010
11	0001 0001	1011
12	0001 0010	1100
13	0001 0011	1101
14	0001 0100	1110
15	0001 0101	1111

表 1.4　交番 2 進化 10 進数と純 2 進数

10 進数	交番 2 進符号	純 2 進数
0	0000	0000
1	0001	0001
2	0011	0010
3	0010	0011
4	0110	0100
5	0111	0101
6	0101	0110
7	0100	0111
8	1100	1000
9	1101	1001
10	1111	1010
11	1110	1011
12	1010	1100
13	1011	1101
14	1001	1110
15	1000	1111

(c) 交番 2 進符号 (Gray Code)

純 2 進数は隣接する数を表現するとき，複数のビットが変化する場合がある．そこで隣接する数を表現するとき，1 ビットしか変化しないコードとして表 1.4 のような**交番 2 進符号** (Gray code) がある．交番 2 進符号は隣のビットとの差は 1 ビットしかないため，機械的な装置において隣のビットに移動した場合でも複数のビットが変化しないため，大きなずれが生じることがない．

1.3.2 エンディアン

エンディアンとはデータの並び方のことであり，次の 2 種類がある．

(a)　ビックエンディアン
(b)　リトルエンディアン

エンディアンは複数のバイトのデータが存在していた場合，どのような順番でそのデータが並んでいるかを表すものである．**ビックエンディアン**は MSB か

ら順に並べ，**リトルエンディアン**は LSB から順に並べていく．

例えば図 1.21 は複数のバイトデータによるエンディアンの違いである．ビックエンディアンでは図 1.21 (a) のようにバイトデータが上位から順番に並び，リトルエンディアンでは図 1.21 (b) のようにバイトデータが下位から順番に並ぶ．

図 1.22 は複数のワードデータによるエンディアンの違いであるが，図 1.21 と比較してバイトデータとワードデータによる並び方が異なることが分かる．

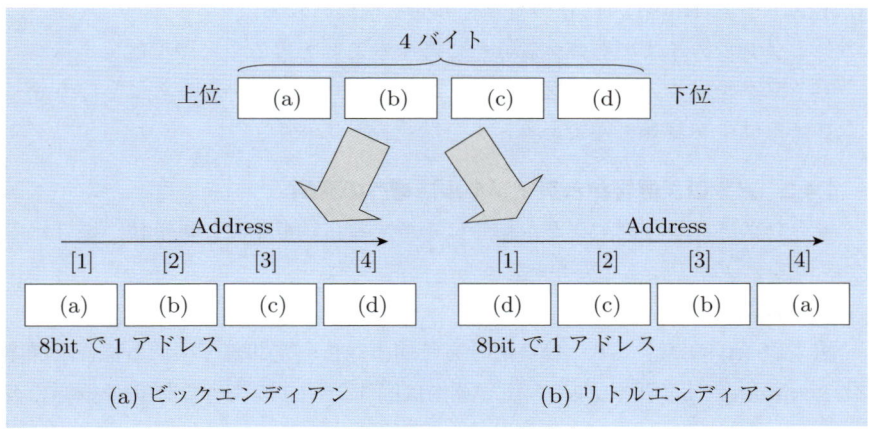

図 1.21　バイトデータによるエンディアン

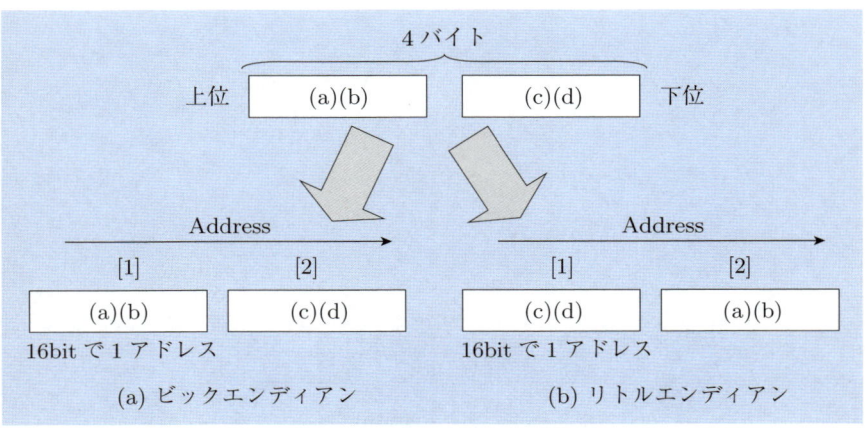

図 1.22　ワードデータによるエンディアン

1.4 アナログとディジタル

1.4.1 アナログ信号とディジタル信号

アナログ信号は図 1.23 (a) のように連続した情報の信号であり，時間と共に信号が連続的に変化をする．

ディジタル信号は図 1.23 (b) のように不連続な情報で構成される信号であり，0 (Low) と 1 (High) の信号の組み合わせで構成される．

ディジタル信号はアナログ信号を変換することで得ることが可能である．

ディジタル信号の利点は図 1.24 のように多少の雑音が乗ったとしても正しく 0 または 1 を認識可能である．

1.4.2 アナログ信号からディジタル信号への変換

アナログ信号からディジタル信号に変換するには標本化，量子化，符号化の 3 つのステップを経る必要がある．

[1] 標本化

図 1.25 (a) のようにアナログ信号を時間方向に一定間隔で区切る操作を**標本化** (sampling) と言う．サンプリング後は図 1.25 (b) のような棒状の振幅の波が得られる．

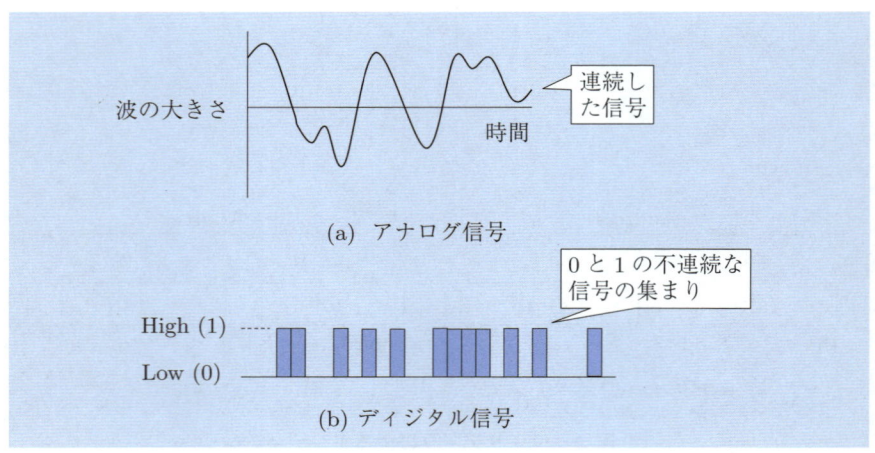

図 1.23　アナログ信号とディジタル信号

1.4 アナログとディジタル

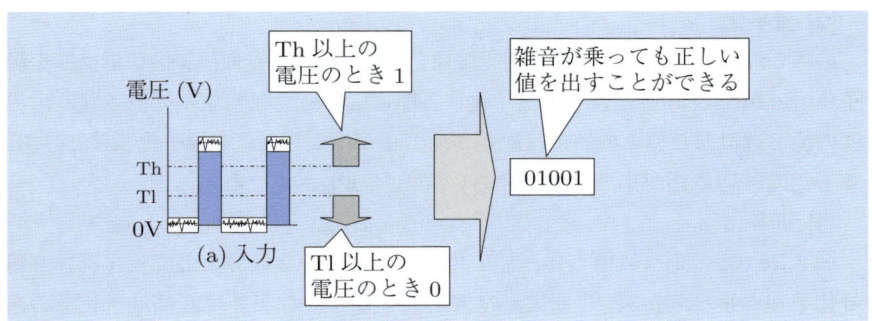

図 1.24　雑音が乗ったディジタル信号

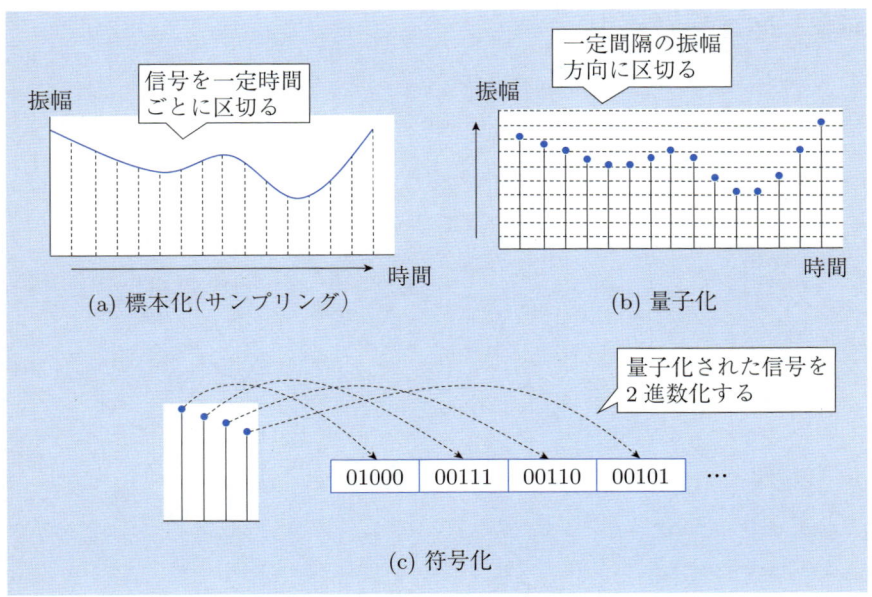

図 1.25　離散化，量子化，符号化

[2] 量子化

図 1.25 (b) のように標本化された信号を振幅方向に一定間隔で区切る操作を**量子化** (quantization) と言う．量子化する際に区切った振幅値に近似される．実際の値と近似した値との間には誤差が生じるが，この誤差を**量子化誤差**と呼ぶ．量子化で区切る幅が小さければ小さい程誤差は小さくなる．

[3] 符号化

図 1.25 (c) のように標本化，量子化された信号を 2 進数などで表す操作を**符号化** (encode) と呼ぶ．符号化後のデータのビット数が多ければ量子化での区切った振幅値は小さくなるため量子化誤差は小さくなるが，その分データ量が大きくなる．ディジタルデータは無限にとることはできないため，量子化誤差は必ず発生する．

1章の問題

☐ **1.1** 以下の進数の表現を変換しなさい．
(1) 10進数 789 を 2 進数にしなさい
(2) 2進数 110010 を 10 進数にしなさい
(3) 16進数 3E8 を 2 進数にしなさい
(4) 2進数 11010110111 を 16 進数にしなさい
(5) 10進数 −81 を 2 進数の補数表現にしなさい

☐ **1.2** 以下の問に答えよ
(1) 以下は信号と時間の関係の図である．下図の空欄に適切な用語を入れなさい．

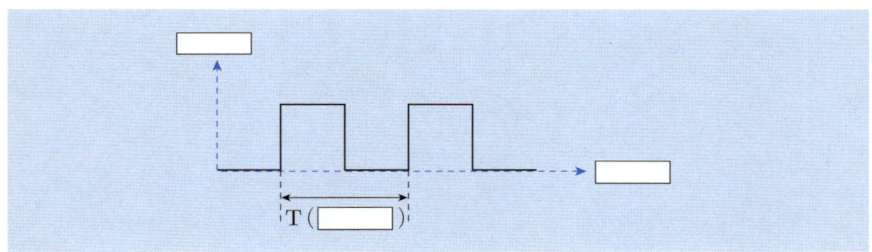

図 1.26

(2) 100 MHz の周波数の波の周期は何 sec になるか．
(3) 以下の図はデータの集まりである．下図の空欄に適切な用語を入れなさい．

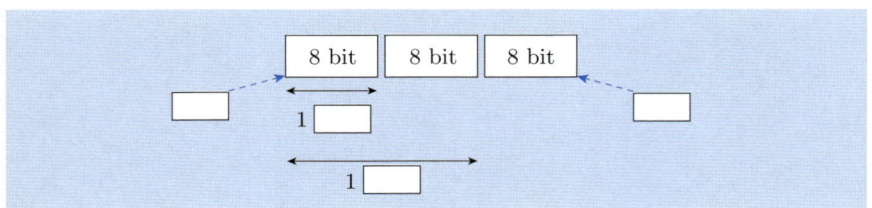

図 1.27

第2章

論理数学と演算

　本章ではディジタル電子回路の基本的な法則である論理数学について学ぶ．ディジタル電子回路は 0 と 1 の 2 つの値を電気信号で扱うが，この 0 と 1 だけの電気信号を扱うために通常使う数学とは異なる論理数学と言われる体系が用いられていることを理解する．

> **2 章で学ぶ概念・キーワード**
> - 論理数学
> - 真理値表
> - ブール代数
> - 簡単化

2.1 論理数学

論理数学 (Mathematical Logic) とは**論理学** (Logic) を数学的に扱う学問であり，正しいか（真）正しくないか（偽）を判断する事象を表す文である**命題**と，複数の命題を結びつける**論理演算子**で構成されている．

2.1.1 論理式

論理数学は命題と命題同士を結びつける論理演算子からなる．命題は数学における変数と同様に x や y などで表すことができ，これを**命題変数**と呼ぶ．この命題の真偽（正しいか正しくないか）は，**真**を 1，**偽**を 0 とし，この値を**真理値** (Truth Value) と呼ぶ．命題は論理演算子により結び付けることが可能であり，この論理演算子には「かつ」「または」「ではない」などが用いられる．

(a) 基本的な論理演算子

論理演算子の基本は「論理積」「論理和」「論理否定」であり，これらは**基本論理演算子**と呼ばれている．

論理積は **AND** とも呼ばれ，命題である x と y が双方共に真 (1) である場合のみ出力は真 (1) になり，それ以外は偽 (0) となる．これを簡単なスイッチ回路に例えると図 2.1 (a) のように x と y の 2 つのスイッチが直列で繋がっており，この両方のスイッチが閉じないと電球が点かない場合と同じである．この論理積の演算子は図 2.1 (a) にあるように「·」で表す．

論理和は **OR** とも呼ばれ，命題である x と y のどちらかが真 (1) である場合に出力は真 (1) になり，それ以外は偽 (0) となる．これを簡単なスイッチ回路に例えると図 2.1 (b) のように x と y の 2 つのスイッチが並列で繋がっており，どちらかのスイッチが閉じれば電球が点く場合と同じである．この論理和の演算子は図 2.1 (b) にあるように「+」で表す．

論理否定は **NOT** とも呼ばれ，命題である x が真 (1) である場合，出力は偽 (0) に，命題である x が偽 (1) である場合，出力は真 (1) となる．これを簡単なスイッチ回路に例えると図 2.1 (c) のようにスイッチが押されていないときは電球が点いているが，スイッチを押すと接点が離れるため電球が消える．この論理否定の演算子は図 2.1 (c) にあるように命題変数の上に「‾」で表す．

2.1 論理数学

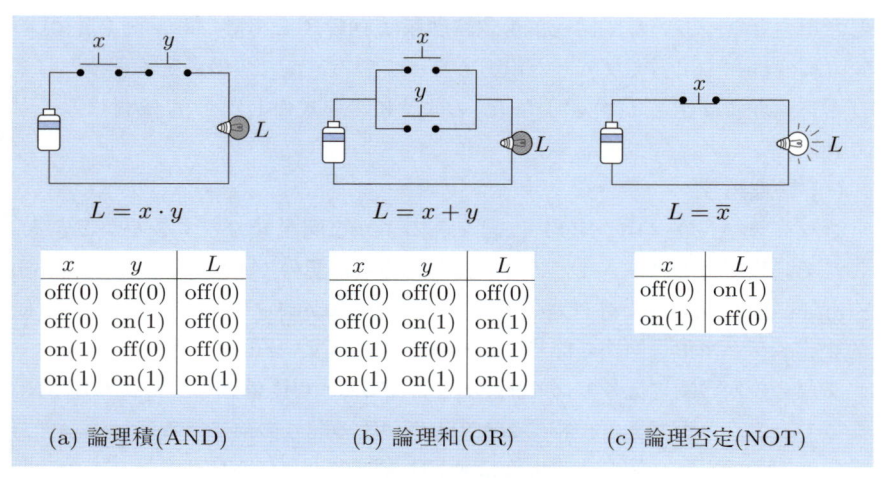

図 2.1 基本的な論理演算子

(a) 論理積(AND) $L = x \cdot y$

x	y	L
off(0)	off(0)	off(0)
off(0)	on(1)	off(0)
on(1)	off(0)	off(0)
on(1)	on(1)	on(1)

(b) 論理和(OR) $L = x + y$

x	y	L
off(0)	off(0)	off(0)
off(0)	on(1)	on(1)
on(1)	off(0)	on(1)
on(1)	on(1)	on(1)

(c) 論理否定(NOT) $L = \overline{x}$

x	L
off(0)	on(1)
on(1)	off(0)

図 2.2 応用的な論理演算子

(a) 排他的論理和 (ExOR) $L = x \oplus y$

x	y	L
0	0	0
0	1	1
1	0	1
1	1	0

(b) 否定論理積 (NAND) $L = \overline{x \cdot y}$

x	y	L
0	0	1
0	1	1
1	0	1
1	1	0

(c) 否定論理和 (NOR) $L = \overline{x + y}$

x	y	L
0	0	1
0	1	0
1	0	0
1	1	0

(b) その他の論理演算子

基本論理演算の他にも「排他的論理和」，論理否定と論理積を合わせた「否定論理積」，論理否定と論理和を合わせた「否定論理和」などがある．

排他的論理和は **ExOR** とも呼ばれ，論理和に似ているが，図 2.2 (a) のように命題である x と y が双方同じ値である場合，出力は偽 (0) となり，それ以外の入力の場合，出力は真 (1) となる．この排他的論理和の演算子は図 2.2 (a) のように「⊕」で表す．

否定論理積は **NAND** とも呼ばれ，図 2.2 (b) のように論理積の出力を反転

した出力となっている．同様に**否定論理和**は **NOR** とも呼ばれ，図 2.2 (c) のように論理和の出力を反転した出力となっている．これらの否定論理積，および否定論理和は図 2.2 (b) および (c) のように論理式の上に「‾」を付けることで表す．

(c) 論理記号

論理演算 AND, OR, NOT は図 2.3 のような図記号で表すことができる．これを**論理記号**と呼ぶ．また，この記号は **MIL 記号** (Military Specification Standards Symbol) と呼ばれ，アメリカ国防総省が制定した記号であり，一般的なディジタル電子回路の記号としてよく使われている．

またその他の論理記号である ExOR, NAND, NOR は図 2.4 のような MIL 記号で表すことができる．特に NAND, NOR の記号の前にある○は「論理否定」の記号であり，図 2.4 のように AND 記号の出力に NOT 記号を合わせたものと同じである．

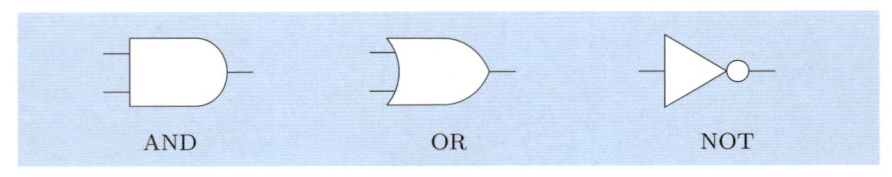

図 2.3　基本的な論理図記号（MIL 記号）

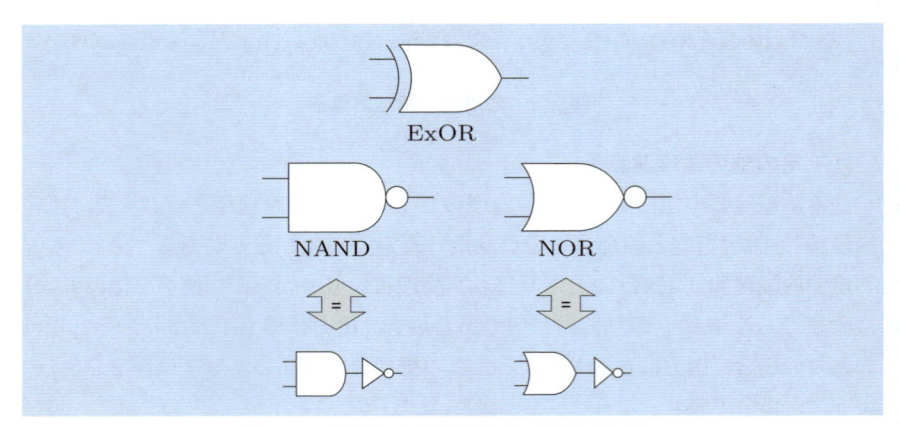

図 2.4　応用的な論理図記号（MIL 記号）

2.2 真理値表

2.2.1 真理値表とは

真理値表は命題と演算子による結果の関係を 1 と 0 で表すことで，直観的に入力と出力の関係を分かりやすくした表である．図 2.5 のように入力を左側におき，入力の命題の数に合わせた全ての組み合わせを記述する．出力は右側におき，入力の全ての組み合わせに対する出力を記述する．例えば入力の命題が 2 つのとき，その組み合わせは 2^2 である 4 通りとなる．

入力		出力
x	y	L
0	0	0
0	1	0
1	0	0
1	1	1

入力と出力の関係を 1 と 0 で表す

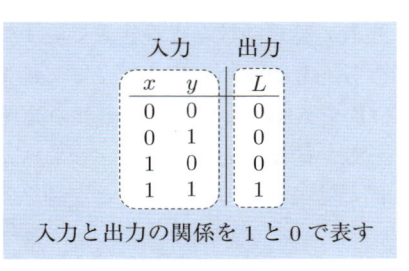

図 2.5　真理値表

■ **例題 2.1** ■
3 つの命題を持つ AND 演算子の真理値表を記載せよ．

【解答】命題が 3 つの場合，その組み合わせは 2^3 である 8 通りとなり，その真理値表は図 2.6 のようになる．　■

入力			出力
x	y	z	L
0	0	0	0
0	0	1	0
0	1	0	0
0	1	1	0
1	0	0	0
1	0	1	0
1	1	0	0
1	1	1	1

3 つの命題　　$L = x \cdot y \cdot z$

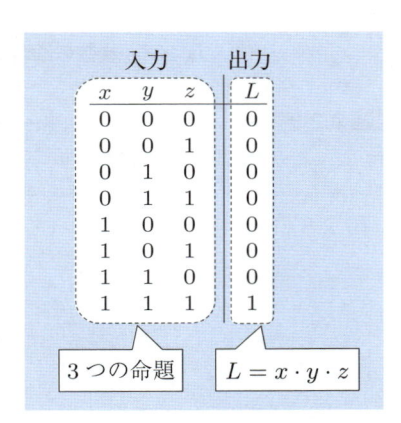

図 2.6　例題の真理値表

2.2.2 論理関数と真理値表

(a) 論理関数

$L = f(x, y, \cdots)$ の関係があり，入力および出力が 0 と 1 の値を持つものが**論理関数**であり，0 と 1 の入力を論理演算子（$\cdot$，$+$ など）で組み合わせたものである．真理値表とは論理関数に対する入力と出力の関係を 0 と 1 の表で表した

ものとなる．基本的な論理関数である AND や OR の真理値表は図 2.1 のように表す．

(b) 複数の論理関数と真理値表

複数の論理関数を真理値表で表すには，入力と出力の間に途中結果を記載すると分かりやすい．例えば $L = (x \cdot \overline{y}) + (\overline{x} \cdot y)$ の真理値表は図 2.7 のように NOT や AND などのそれぞれの論理関数の途中結果を記載し，その途中結果から最終的な出力を求める．なお，この $L = (x \cdot \overline{y}) + (\overline{x} \cdot y)$ は排他的論理和と同じ結果となっていることが図 2.7 より分かる．

入力		途中結果				出力	
x	y	$\overline{x}$	$\overline{y}$	$\overline{x} \cdot y$	$x \cdot \overline{y}$	L	$x \oplus y$
0	0	1	1	0	0	0	0
0	1	1	0	1	0	1	1
1	0	0	1	0	1	1	1
1	1	0	0	0	0	0	0

それぞれの論理関数の結果を記載

出力 L は排他的論理和と同じ

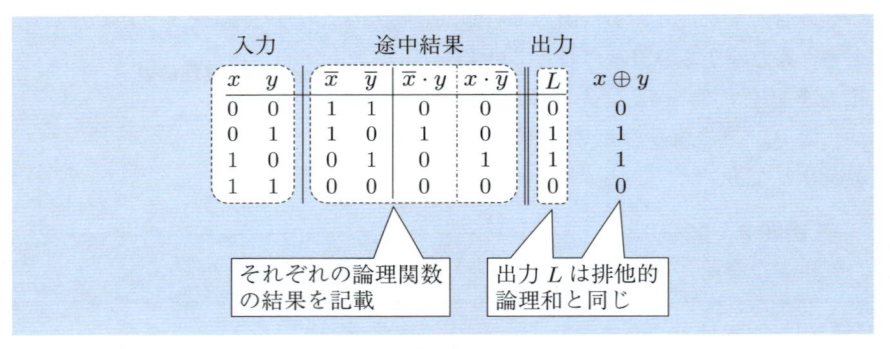

図 2.7　複数の論理関数と真理値表

■ **例題 2.2** ■

$L = x \cdot (\overline{x} + y)$ が $(x \cdot y)$ と同じことを真理値表で確認せよ．

【解答】図 2.8 に示す真理値表によって同じことが分かる． ■

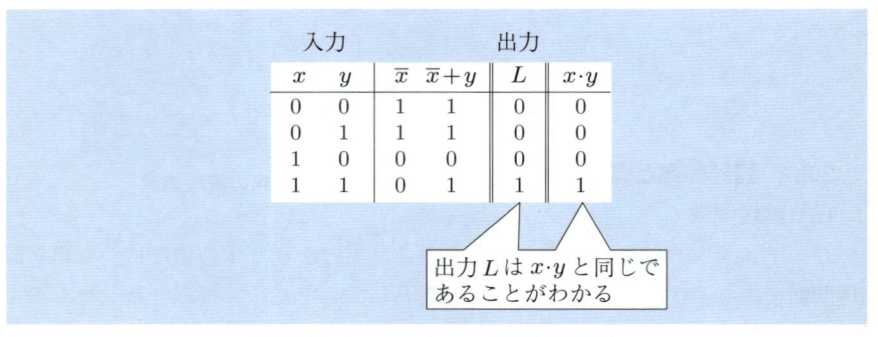

入力				出力	
x	y	$\overline{x}$	$\overline{x}+y$	L	$x \cdot y$
0	0	1	1	0	0
0	1	1	1	0	0
1	0	0	0	0	0
1	1	0	1	1	1

出力 L は $x \cdot y$ と同じであることがわかる

図 2.8　$L = x \cdot (\overline{x} + y)$ の真理値表

2.3 ブール代数とド・モルガンの法則

論理数学による式は通常の四則演算とは異なる理論で成り立っている．この論理数学の基礎理論はイギリスのブール (George Boole) が考案し，現在に至るまで広く用いられている．

2.3.1 ブール代数

ブール代数 (Boolean algebra) は論理数学の基本であり，公理と定理からなる．公理や定理を使うことで論理式を簡単化することが可能となる．

(a) 公理と定理

公理は基本的な事柄であり，証明を必要とせず，また他の定理の前提となるものである．公理には恒等則，交換則，結合則，分配則，補元則の5つの法則がある．

定理は公理やすでに証明された他の定理を用いて証明されたものであり，冪等則，復元則，帰無則，吸収則の4つの法則がある．それぞれの詳細な公理，定理は図 2.9 のとおりとなる．

公理
- 恒等則
  $x + 0 = x$
  $x \cdot 1 = x$
- 交換則
  $x + y = y + x$
  $x \cdot y = y \cdot x$
- 結合則
  $x + (y + z) = (x + y) + z$
  $x \cdot (y \cdot z) = (x \cdot y) \cdot z$
- 分配則
  $x \cdot (y + z) = x \cdot y + x \cdot z$
  $x + (y \cdot z) = (x + y) \cdot (x + z)$
- 補元則
  $x + \overline{x} = 1$
  $x \cdot \overline{x} = 0$

定理
- 冪等則
  $x + x = x$
  $x \cdot x = x$
- 帰無則
  $x + 1 = 1$
  $x \cdot 0 = 0$
- 復元則
  $\overline{\overline{x}} = x$
- 吸収則
  $x + (x \cdot y) = x$
  $x \cdot (x + y) = x$
  $x + \overline{x} \cdot y = x + y$
  $x \cdot (\overline{x} + y) = x \cdot y$

図 2.9　ブール代数

$$\begin{aligned}
x + x \cdot y = x \quad \Bigg\{ \quad x + x \cdot y &= (x+x)(x+y) \quad &\text{分配則} \\
&= x \cdot (x+y) &\text{冪等則} \\
&= (x+0)(x+y) &\text{恒等即} \\
&= x \cdot x + 0 \cdot y &\text{分配則} \\
&= x &\text{復元則}
\end{aligned}$$

$$\begin{aligned}
x + \overline{x} \cdot y = x + y \quad \Bigg\{ \quad x + \overline{x} \cdot y &= (x+\overline{x})(x+y) \quad &\text{分配則} \\
&= (1)(x+y) &\text{復元則} \\
&= x + y
\end{aligned}$$

図 2.10 吸収則の証明

特に吸収則は図 2.10 のように他の公理，定理を複数使わなければ証明することができない．

2.3.2 ド・モルガンの定理

ド・モルガンの定理 (De Morgan's laws) は論理積 (AND)，論理和 (OR)，論理否定 (NOT) に関する関係であり，論理和 (AND) と論理積 (OR) の相互変換の定理である．この定理はド・モルガン (Augustus de Morgan) によって発案された．

(a) ド・モルガンの定理

以下の 2 つの定理をド・モルガンの定理と呼ぶ．

[1] $\overline{(x \cdot y)} = \overline{x} + \overline{y}$
[2] $\overline{(x + y)} = \overline{x} \cdot \overline{y}$

このド・モルガンの定理は論理変数が 3 つ以上の場合でも成立する．ド・モルガンの定理は後述する標準化の変換をするときに用いることが多い．

(b) ド・モルガンの定理の覚え方

ド・モルガンの定理は MIL 記号を使うことで簡単に覚えられる．図 2.11 のように AND 演算子を OR 演算子に，または OR 演算子を AND 演算子に変換し，論理否定を表す○である負論理を正論理に，正論理を負論理に変換すると覚えればよい．図 2.11 のように覚えれば図 2.12 のような応用が可能である．

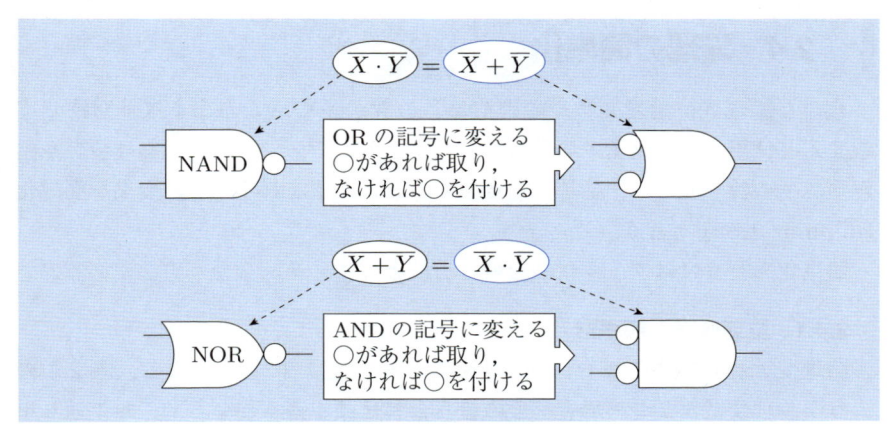

2.3 ブール代数とド・モルガンの法則

図 2.11 ド・モルガンの定理

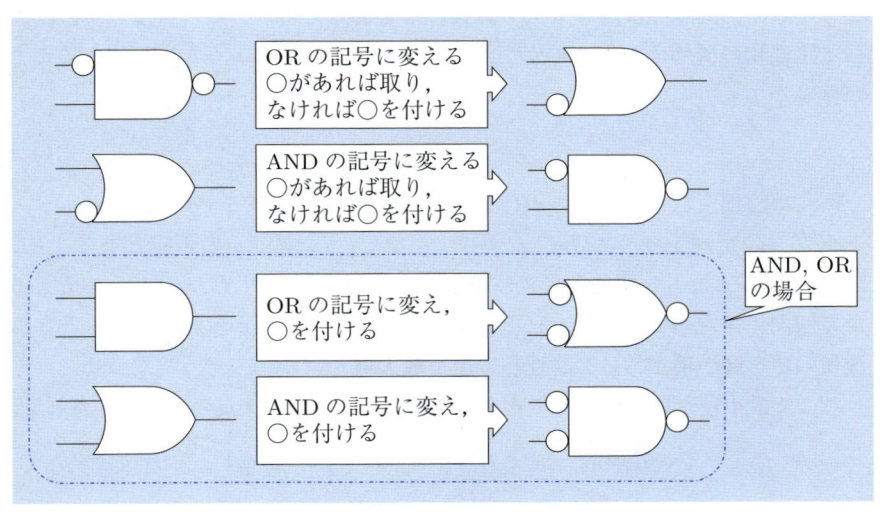

図 2.12 ド・モルガンの定理の応用

2.4 論理の簡単化

複雑な論理式は論理変数や論理演算子の数が多く，このまま電子回路で実現すると使用する回路素子の数も多くなる．そこで，できる限り論理変数や論理演算子の数を減らし，論理式を変換することが望まれる．この変換を**簡単化** (minimization) と言う．

簡単化を行うにはブール代数を使う方法とカルノー図を使う方法がある．

2.4.1 真理値表と標準形

論理変数が n 個ある場合，その組み合わせの数は 2^n 通りとなる．表 2.1 のように論理変数が 2 つの場合，その組み合わせは 4 通りとなる．この 4 通りを論理積または論理和で表すと表 2.1 のようになる．論理積は論理変数を正論理として考え，論理和は論理変数を負論理として考える．このときこれらの論理積と論理和の関係はド・モルガンの定理を使うと以下のような関係があることが分かる．

$$L_i = \overline{L'_i} \tag{2.1}$$

例えば論理変数 $x = 0, y = 0$ の場合の論理積は $L_0 = \overline{x} \cdot \overline{y}$ であるが，ド・モルガンの定理を使うと $L_0 = \overline{x+y}$ となる．L'_0 は L_0 の否定となるため，$\overline{L'_0} = \overline{\overline{x+y}}$ となり，復元則によって $\overline{L'_0} = x+y$，つまり $L_0 = \overline{L'_0}$ となる．またこの関係は左項を L'_n に，右項を $\overline{L_n}$ として同様に考えられる．このとき論理積の項を**最小項**と言い，論理和の項を**最大項**と言う．

ここで最小項だけで構成する式を**加法標準形**と言い，次式のように表される．

$$L = (\overline{x} \cdot \overline{y}) + (\overline{x} \cdot y) + (x \cdot \overline{y}) + (x \cdot y)$$

表 2.1 真理値表と論理積，論理和

x	y	論理積	論理和
0	0	$\overline{x} \cdot \overline{y} = L_0$	$x + y = L'_0$
0	1	$\overline{x} \cdot y = L_1$	$x + \overline{y} = L'_1$
1	0	$x \cdot \overline{y} = L_2$	$\overline{x} + y = L'_2$
1	1	$x \cdot y = L_3$	$\overline{x} + \overline{y} = L'_3$

2.4 論理の簡単化

また最大項だけで構成する式を**乗法標準形**と言い，次式のように表される．
$$L = (\overline{x}+\overline{y}) \cdot (\overline{x}+y) \cdot (x+\overline{y}) \cdot (x+y)$$

真理値表からは加法標準形，乗法標準形の論理式を簡単に求めることができる．加法標準形は出力が 1 の部分の最小項を用いて論理式を得る．また乗法標準形は出力が 0 の部分の最大項を用いて論理式を得る．

■ **例題 2.3** ■

否定論理積 (NAND) を各標準形で表せ．

【**解答**】 加法標準形は出力が 1 の部分のみを対象とする．乗法標準形は出力が 0 の部分のみを対象とする．結果として図 2.13 のようになる． ■

x	y	NAND	最小項	最大項
0	0	1	$\overline{x} \cdot \overline{y} = L_0$	
0	1	1	$\overline{x} \cdot y = L_1$	
1	0	1	$x \cdot \overline{y} = L_2$	
1	1	0		$\overline{x}+\overline{y} = L'_3$

加法標準形
$L = L_0 + L_1 + L_2 = (\overline{x} \cdot \overline{y}) + (\overline{x} \cdot y) + (x \cdot \overline{y})$

乗法標準形
$L = L'_3 = (\overline{x}+\overline{y})$

図 2.13 NAND の加法標準形

2.4.2 ブール代数による論理の簡略化

真理値表から加法標準形によって得た論理式は論理変数や論理演算の数が多いため，簡単化をする必要がある．このとき得られた論理式は複数のブール代数の公理，定理を用いて簡単化を行う．例えば，図 2.13 の NAND の論理式 $L = (\overline{x} \cdot \overline{y}) + (\overline{x} \cdot y) + (x \cdot \overline{y})$ は以下のように簡単化される．

$$\begin{aligned}
L &= (\overline{x} \cdot \overline{y}) + (\overline{x} \cdot y) + (x \cdot \overline{y}) & &\text{分配則：} \overline{x} \text{でまとめる}\\
&= \overline{x} \cdot (\overline{y}+y) + (x \cdot \overline{y}) & &\text{補元則：} \overline{y}+y \text{をまとめる}\\
&= \overline{x} + (x \cdot \overline{y}) & &\text{吸収則：} x+(\overline{x}+y)=(x+y) \text{を用いる}\\
&= \overline{x} + \overline{y}
\end{aligned}$$

例題 2.4

$L = (\overline{x}+y) \cdot (x+y+z)$ をブール代数を用いて簡単化せよ.

【解答】 以下のように簡単化できる.

$$
\begin{aligned}
L &= (\overline{x}+y) \cdot (x+y+z) & &\text{分配則} \\
&= (\overline{x}+y) \cdot x + (\overline{x}+y) \cdot y + (\overline{x}+y) \cdot z & &\text{分配則} \\
&= (\overline{x} \cdot x) + (x \cdot y) + (\overline{x} \cdot y) + (y \cdot y) + (\overline{x} \cdot z) + (y \cdot z) & &\text{分配則} \\
&= 0 + (x \cdot y) + (\overline{x} \cdot y) + y + (\overline{x} \cdot z) + (y \cdot z) & &\text{補元則, 冪等則} \\
&= (x \cdot y) + (\overline{x} \cdot y) + (\overline{x} \cdot z) + y + (y \cdot z) & &\text{交換則} \\
&= (x \cdot y) + (\overline{x} \cdot y) + (\overline{x} \cdot z) + y & &\text{吸収則} \\
&= (x \cdot y) + y + (\overline{x} \cdot y) + (\overline{x} \cdot z) & &\text{交換則} \\
&= y + (\overline{x} \cdot y) + (\overline{x} \cdot z) & &\text{吸収則} \\
&= y + (\overline{x} \cdot z) & &\text{吸収則} \quad\blacksquare
\end{aligned}
$$

問 2.1 $L = x \cdot z + \overline{x} \cdot y \cdot z + x \cdot \overline{z} + \overline{x} \cdot y \cdot \overline{z}$ をブール代数を用いて簡単化せよ.

以下の手順で簡単化する.

$$
\begin{aligned}
L &= x \cdot z + x \cdot z + x \cdot y \cdot z + x \cdot y \cdot z & &\text{交換則} \\
&= x \cdot z + z + x \cdot y \cdot z + z & &\text{分配則} \\
&= x + x \cdot y & &\text{補元則} \\
&= x + y & &\text{吸収則} \quad\square
\end{aligned}
$$

2.4.3 カルノー図による論理の簡略化

論理式を図的に表して簡単化を行う方法として**カルノー図** (Karnaugh map) がある. カルノー図は図 2.14 に示すように命題変数を図の縦と横の領域に割り当てた図である. 命題変数の集合 A は右側に, 集合 A の補集合は左側で表し, 集合 B は下側に, 集合 B の補集合上側で表す. これらの集合を合わせることで 4 つの領域に分割され, それぞれの領域において最小項である $\overline{A}\,\overline{B}$, $\overline{A}B$, $A\overline{B}$, AB を表す. 図 2.15 (a) は 3 変数の場合, (b) は 4 変数の場合である. 3

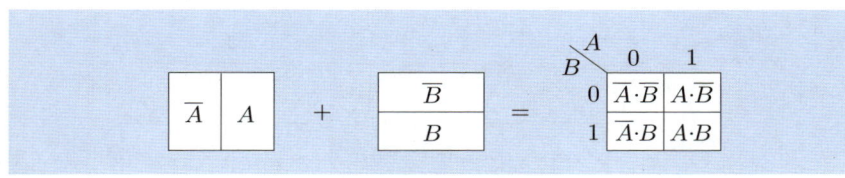

図 2.14　カルノー図の基本的な表現

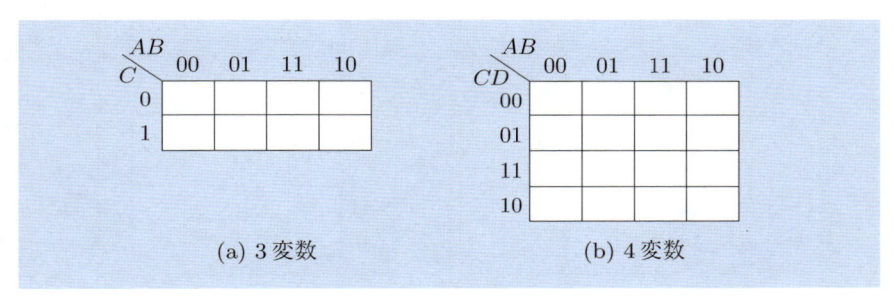

図 2.15　3 変数，4 変数のカルノー図

変数以上での変数の組み合わせは，$00 \to 01 \to 11 \to 10$ のように隣同士で 1 つの変数の値しか変わらないように配置する．なお 4 変数を越える場合，図 2.16 のように 4 変数を超える領域の中に 4 変数のカルノー図が配置されることになる．また図 2.17 のように 3 変数以上のカルノー図の場合，右端と左端または上端と下端は繋がっており，連続性があるものと考える．

　カルノー図は論理式から対応する全ての最小項の領域に 1 を記載する．例えば，図 2.13 の NAND の論理式 $L = (\overline{x} \cdot \overline{y}) + (\overline{x} \cdot y) + (x \cdot \overline{y})$ は図 2.18(a) のようにカルノー図に 1 が記載される．次に隣接する 1 を探し，その領域を結合する．図 2.18(b) の場合，横方向で 1 つ結合することができ，縦方向でもう 1 つ結合することができる．この結合した領域を考えると，縦方向は $\overline{x}$ であり，横方向は $\overline{y}$ であることが分かり，このカルノー図から $L = \overline{x} + \overline{y}$ が得られる．これは先のブール代数式の結果と同じであり，カルノー図を使うことで簡単に簡略化が行えることが分かる．なお図 2.19 に 4 つの 1 を結合する例を示す．特に図 2.19(b) は $\overline{B}$ を表しているが，カルノー図の右端と左端が繋がっていることに注意されたい．同様に図 2.19(c) の $\overline{B}\,\overline{D}$ も左右，上下の端がそれぞれ繋がっている．

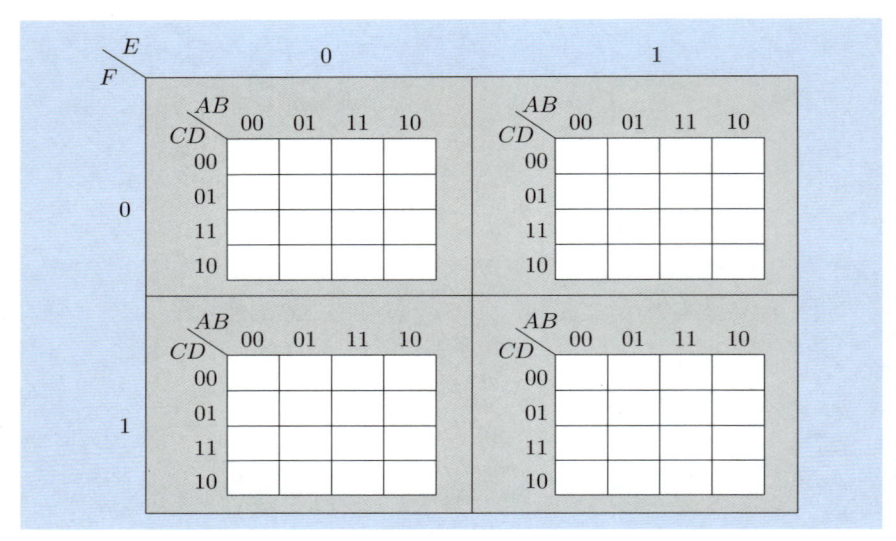

図 2.16 6 変数のカルノー図

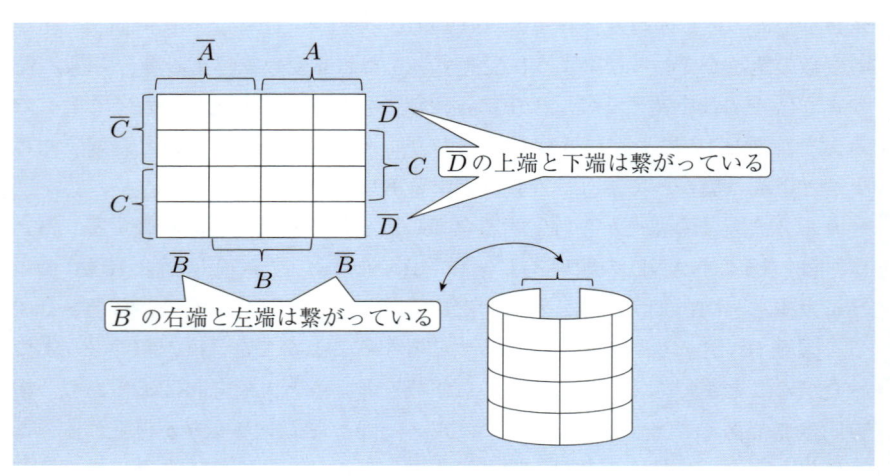

図 2.17 別表現のカルノー図

2.4 論理の簡単化

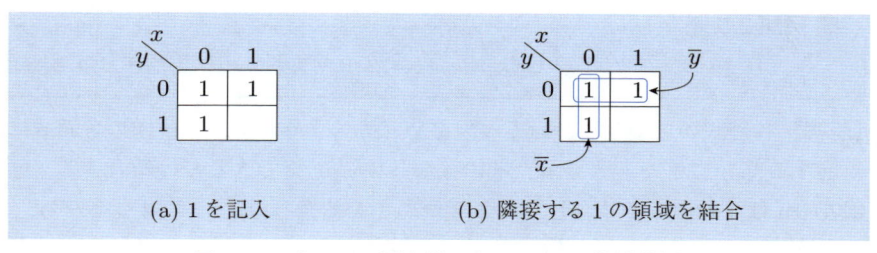

(a) 1 を記入

(b) 隣接する 1 の領域を結合

図 2.18　カルノー図を使った NAND の簡略化例

(a) $L = B$ の例

(b) $L = \overline{B}$ の例

(c) $L = C \cdot D + \overline{B} \cdot \overline{D}$

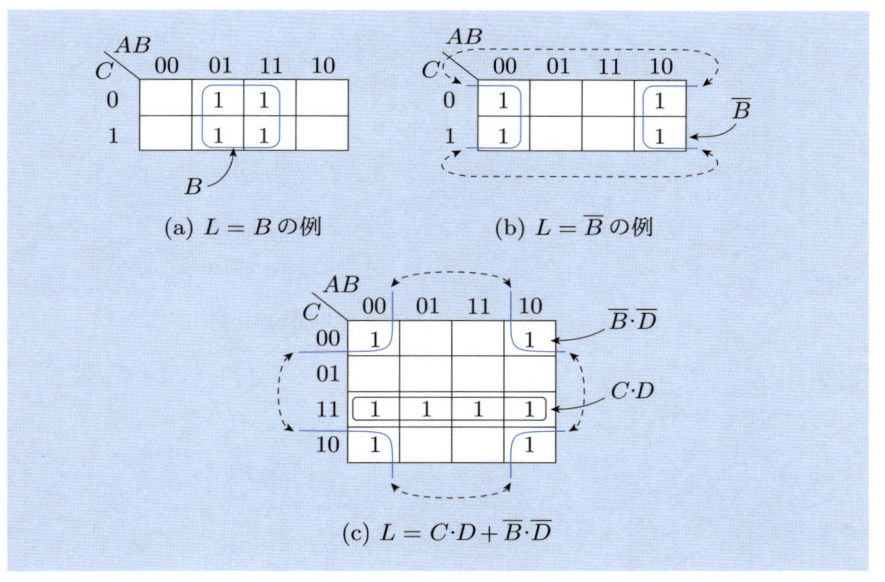

図 2.19　カルノー図による領域結合の例

■ 例題 2.5 ■

$L = (x \cdot y) + (\overline{x} \cdot y) + (\overline{x} \cdot z) + (y \cdot \overline{z})$ をカルノー図を用いて簡単化せよ．

【解答】論理式の最小項において，図 2.20 (a) のようにカルノー図の各領域に対応する部分に 1 を記入する．その後隣接する 1 をできるだけ結合する．図 2.20 (b) は 4 つの 1 を結合した y と 2 つの 1 を結合した $\overline{x} \cdot z$ の 2 つとなる．

最終的に L は $L = y + (\overline{x} \cdot z)$ となる結果を得る．　　■

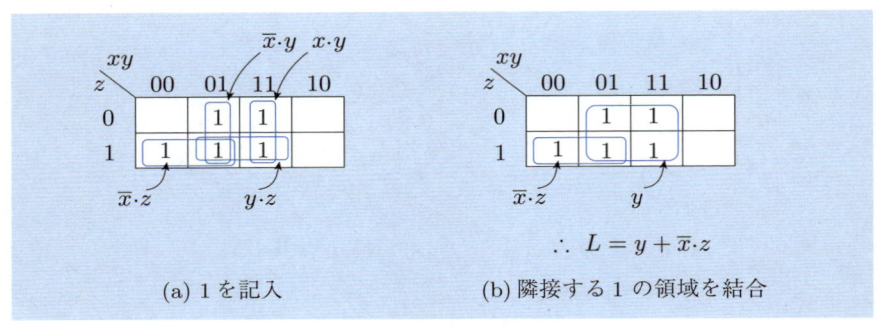

	(a) 1を記入	(b) 隣接する1の領域を結合

図 2.20　カルノー図による論理式の簡単化例

問 2.2　$L = x \cdot z + \overline{x} \cdot y \cdot z + x \cdot \overline{z} + \overline{x} \cdot y \cdot \overline{z}$ をカルノー図を用いて簡単化せよ．以下の図で表される．　　□

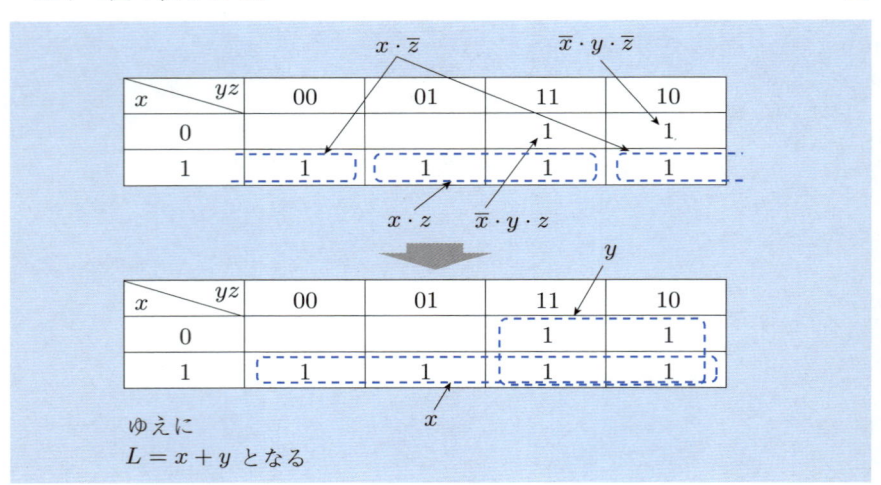

ゆえに
$L = x + y$ となる

図 2.21

2章の問題

□ **2.1** 以下の真理値表を作成し，論理回路を図示しなさい．
 (1) $\overline{a} + b$
 (2) $(\overline{a} + b) \cdot (a + \overline{b})$

□ **2.2** 以下の論理式を，ブール代数を用いて簡略化しなさい．
 (1) $A \cdot B \cdot C + \overline{A} \cdot B \cdot C + A \cdot B + \overline{B \cdot C}$
 (2) $(A + B \cdot C) \cdot (A + C \cdot D) \cdot (A + B + D)$

□ **2.3** 以下の論理式をカルノー図を用いて簡略化しなさい．
 (1) $A \cdot \overline{B} \cdot \overline{C} + \overline{A} \cdot \overline{B} \cdot C + \overline{A} \cdot B \cdot C + \overline{A} \cdot B \cdot \overline{C}$
 (2) $B \cdot \overline{C} \cdot \overline{D} + A \cdot \overline{C} \cdot D + \overline{A} \cdot \overline{B} \cdot \overline{C} \cdot D + A \cdot C \cdot \overline{D}$

第3章

論理回路の基本

　ディジタル電子回路は論理素子で構成された論理関数である．ここでは論理素子の実現方法と一般的な論理素子についての特性について理解する．

3章で学ぶ概念・キーワード
- 論理素子
- TTL, CMOS
- 規格表

3.1 論理素子の実現

電子回路において論理関数を構成するためには論理素子が必要である．論理素子の実現方法としてはダイオードを用いた回路が基本であり，その他にトランジスタを用いた回路との組み合わせとなる．

3.1.1 ダイオードの特性

ダイオードは図 3.1 のようにアノード (Anode) からカソード (Cathode) の方向に電流を流す**半導体素子**である．電流を流すには図 3.2 のようにアノード～カソード間の電圧がある値以上必要となる．この特性を**整流特性**と言い，電流が流れる電圧は通常使われるシリコンで 0.6～0.7 V 程度となっている．

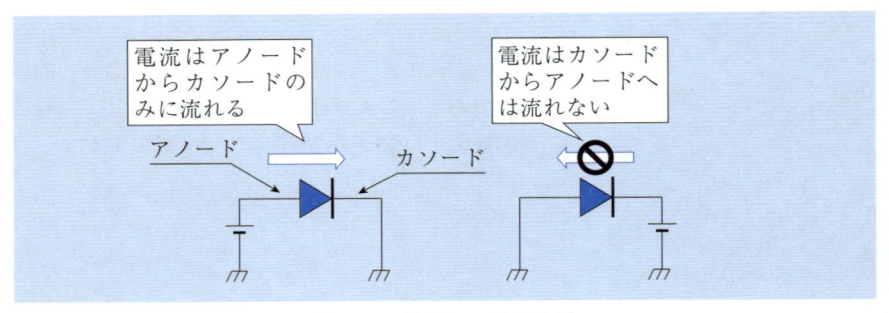

図 3.1 ダイオードの性質

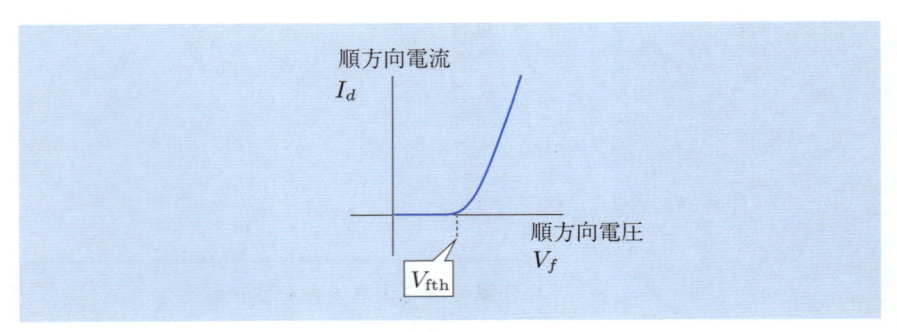

図 3.2 ダイオードの特性

3.1.2 トランジスタの特性

トランジスタは図 3.3 のようにベースに電流を流すと，コレクタ～エミッタ間にベース電流に応じた電流を流す半導体素子である．V_{BE} はベース～エミッタ間電圧であり，ベースの電圧はエミッタよりも V_{BE} だけ高い電圧である必要がある．この V_{BE} はシリコンで $0.6 \sim 0.7\,\mathrm{V}$ 程度となっている．ベースに電流が流れたとき，コレクタ～エミッタ間に電流が流れる状態を**オン状態**，または**導通状態**と言い，ベースに電流が流れず，コレクタ～エミッタ間にも電流が流れない状態を**オフ状態**，または**遮断状態**と言う．

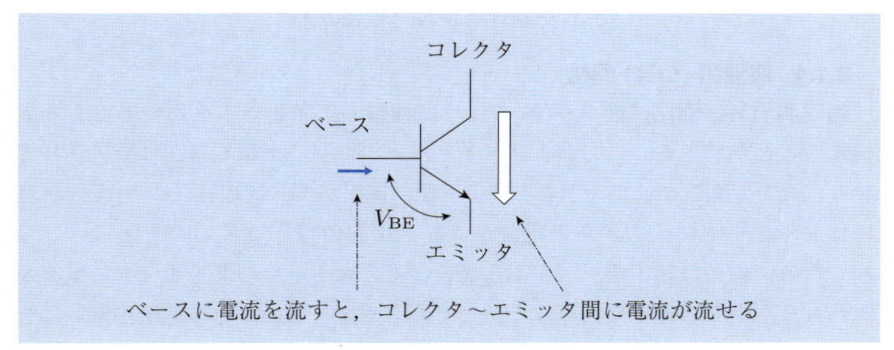

図 3.3　トランジスタの性質

3.1.3 論理積 (AND) 回路

論理積 (AND) 回路は図 3.4 (a) のように複数のダイオードを用いることで実現することができる．出力およびダイオードのアノードは電源 (V_{CC}) に接続されており，入力であるダイオードのカソード側の電圧が電源の電圧より低い場合にはダイオードに電源からの電流が流れ，出力の電圧は入力の電圧に等しく低くなる．複数のダイオードがある場合でもどれか 1 つのダイオードに電流が流れれば，出力の電圧は低くなる．全てのダイオードの入力の電圧が電源の電圧と等しい場合にはダイオードには電流が流れないため，出力には電源の電圧が現れる．ここで電源の電圧を 1，低い電圧を 0 とすれば，図 3.4 (b) のように入力が全て 1 の場合のみ出力が 1 になることが分かる．

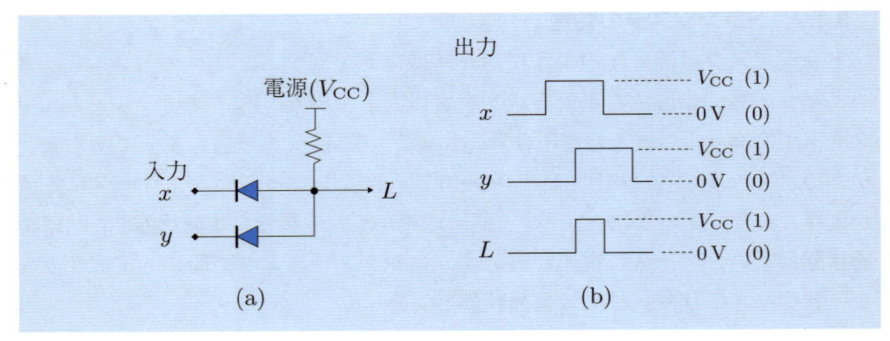

図 3.4　論理積 (AND) 回路の実現

3.1.4　論理和 (OR) 回路

　論理和 (OR) 回路は図 3.5 (a) のように複数のダイオードを用いることで実現することができる．出力およびダイオードのカソードは GND に接続されており，入力であるダイオードのアノード側の電圧が GND の電圧より<u>高い場合</u>にはダイオードに入力からの電流が流れ，出力の電圧は入力の電圧に等しく<u>高くなる</u>．複数のダイオードがある場合でもどれか 1 つのダイオードに電流が流れれば，出力の電圧は高くなる．全てのダイオードの入力の電圧が低い場合にはダイオードには電流が流れないため，出力は GND と等しくなる．ここで入力の電圧を 1，GND を 0 とすれば，図 3.5 (b) のように入力がどれか 1 であれば出力が 1 になることが分かる．

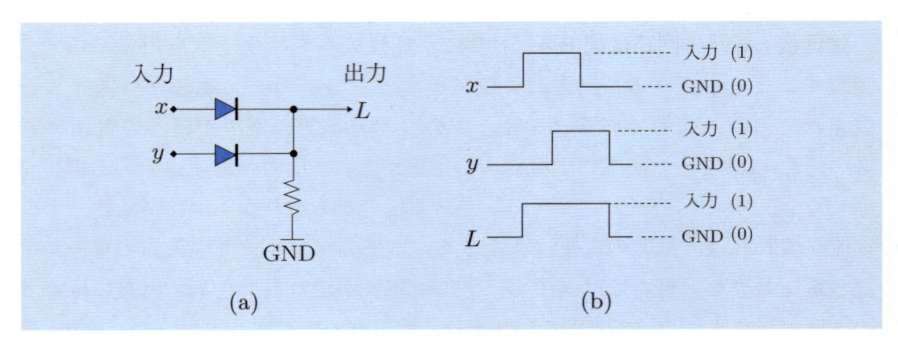

図 3.5　論理和 (OR) 回路の実現

3.1.5 論理否定 (NOT) 回路

論理否定 (NOT) 回路は図 3.6 (a) のように 1 つのトランジスタを用いることで実現することができる．出力およびトランジスタのコレクタは抵抗を通じて電源に接続されており，またエミッタは GND に接続されている．入力であるトランジスタのベース側の電圧がエミッタの電圧である GND より V_{BE} だけ高い場合にはトランジスタがオン状態となり，トランジスタのコレクタ〜エミッタ間に電流が流れ，出力の電圧は GND に等しくなる．逆にベース側の電圧がエミッタの電圧である GND と等しい場合にはトランジスタはオフ状態であり，トランジスタのコレクタ〜エミッタ間には電流は流れず，出力の電圧は電源の電圧と等しくなる．ここで電源の電圧を 1，GND を 0 とすれば，図 3.6 (b) のように入力に対して出力が反転していることが分かる．

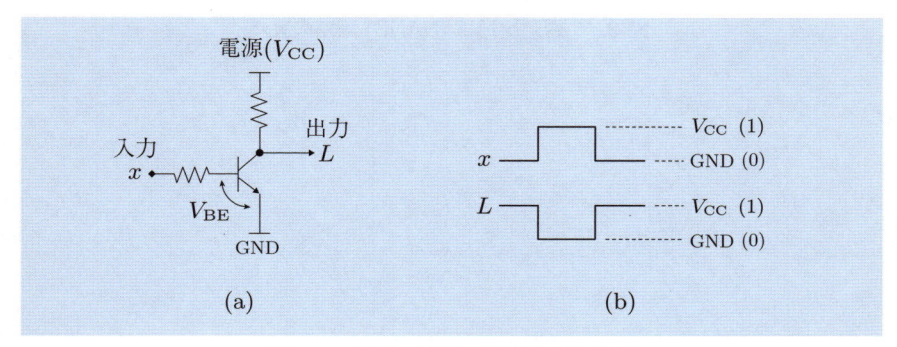

図 3.6　論理否定 (NOT) 回路の実現

3.1.6 NAND 回路の実現

NAND 回路は AND 回路と NOT 回路を用いればよく，図 3.7 のようになる．なお，AND 回路は入力が 0 V でもその出力はダイオードの特性から 0.6 V〜0.7 V 程度となる．そこでトランジスタのベース前にあるダイオードによって AND 回路にあるダイオードの特性による 0.6 V〜0.7 V の電圧を打ち消している．ちなみにこの回路はダイオードとトランジスタで構成されているため，Diode-Transistor-Logic (DTL) と呼ばれている．

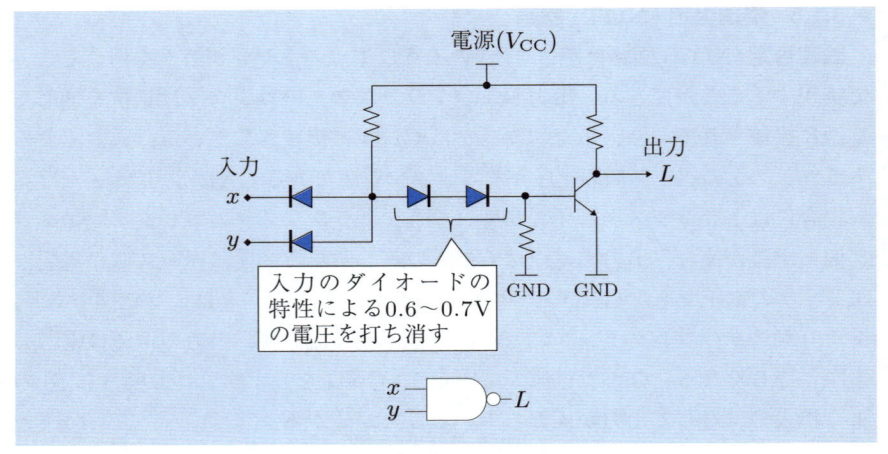

図 3.7　否定論理積 (NAND) 回路の実現

● トランジスタの発明 ●

　トランジスタは 1948 年にアメリカのベル研究所で電話交換機の部品として発明された．1930 年代にはゲルマニウムを使ったダイオードが発明されていたため，半導体の性質は多少は理解されており，トランジスタはその研究の成果の 1 つであった．つまりトランジスタは偶然の産物ではなく，計画された発明であり，今では現在の電子回路を支える重要な部品となっている．

3.2 ディジタル回路で使う部品

ディジタル回路で使う半導体部品には幾つかの種類がある．初期に使われたのが **DTL** (Diode-Transistor-Logic) と呼ばれる入力にダイオードを，出力にトランジスタを使った回路である．その後 **TTL** (Transistor-Transistor-Logic) と呼ばれる入力，出力共にトランジスタを使った回路が普及した．その後 **CMOS** (Complementary Metal Oxide Semiconductor) と呼ばれる **MOS 型 FET** (Field Effect Transistor：電界効果トランジスタ) を使った低消費電力の回路が普及している．その他に高速に動作可能な **ECL** (Emitter Coupled Logic) が高速論理回路素子として使われている．

3.2.1 TTL

TTL は図 3.8 のように入力および出力共にトランジスタが用いられている回路である．この回路は図 3.7 のダイオードによる入力部分とダイオードの特性を打ち消すダイオードをトランジスタ (Q1 および Q2) に置き換えている．

入力のどれかが電源より低い電圧の場合，入力のトランジスタ Q1 のベースに流れる電流はそのままエミッタに流れ，トランジスタ Q2 はオフ状態となる．結果として出力のトランジスタ Q3 のみがオン状態となり，出力には電源電圧 (1) が現れる．

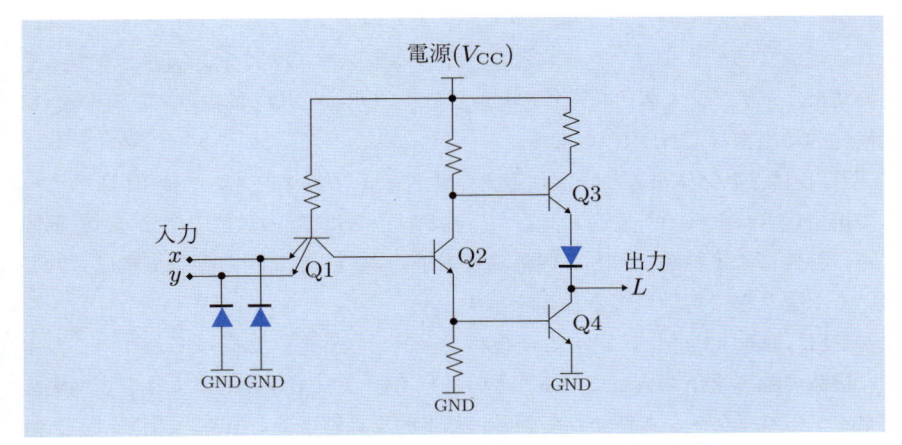

図 3.8 **TTL による否定論理積 (NAND) 回路の実現**

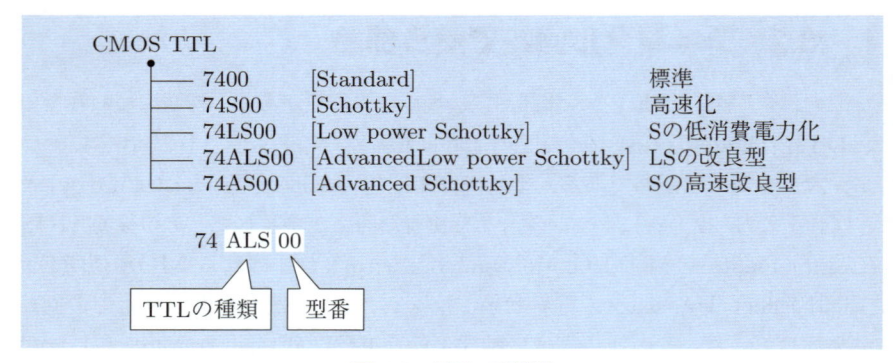

```
CMOS TTL
       ├── 7400       [Standard]                    標準
       ├── 74S00      [Schottky]                    高速化
       ├── 74LS00     [Low power Schottky]          Sの低消費電力化
       ├── 74ALS00    [AdvancedLow power Schottky]  LSの改良型
       └── 74AS00     [Advanced Schottky]           Sの高速改良型

            74 ALS 00
               │   │
          TTLの種類 型番
```

図 3.9　**TTL の種類**

図 3.10　**TTL のパッケージ（外形）**

　全ての入力が電源と同じ電圧の場合，入力のトランジスタ Q1 のベースに流れる電流はそのままコレクタに流れ，トランジスタ Q2 はオン状態となる．その結果，トランジスタ Q4 がオン状態となり，Q3 から Q4 に掛けて電流が流れ，最終的に出力は GND(0) となる．

　TTL は **74 シリーズ**と呼ばれるテキサス・インスツルメンツ社 (TI) によって規格化されたものが主流である．このシリーズは 74 の数値で始まり，内部回路の特性による種類，そして内部論理素子の違い，数による型番で構成されている．図 3.9 に特性による種類を示す．

　TTL は図 3.10 (a) に示すようなパッケージ（外形）となっており，この中に複数の論理素子が入っている．その他にも図 3.10 (b) に示すような表面実装タイプのパッケージも使われている．基本的な論理素子と型番の関係を図 3.11 に示す．

3.2 ディジタル回路で使う部品

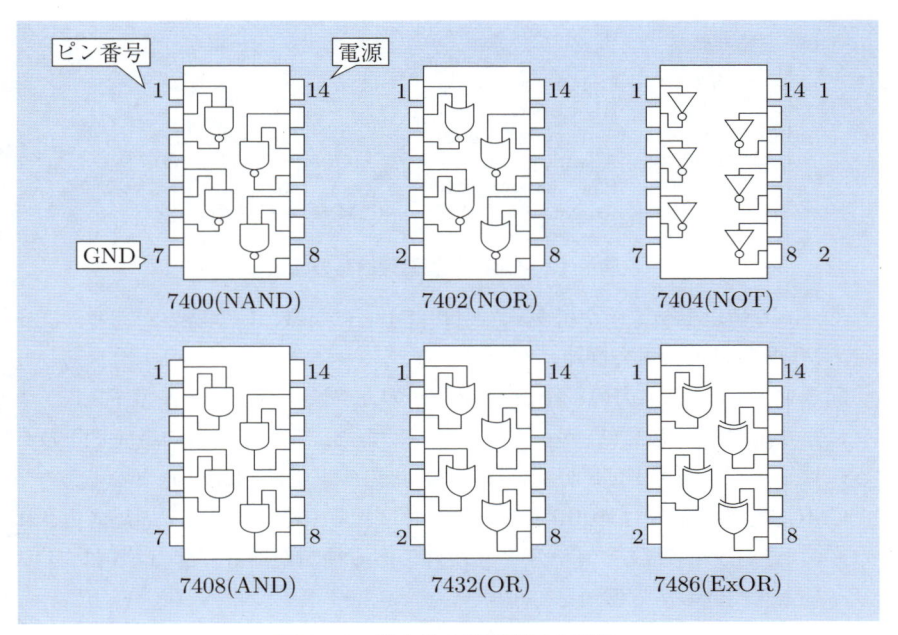

図 3.11 基本的な論理素子と型番

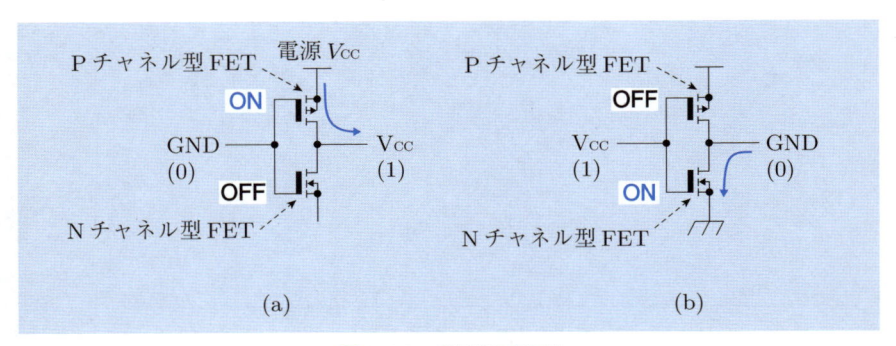

図 3.12 CMOS FET

3.2.2 CMOS 型論理回路

CMOS は相補型 MOS と呼ばれており，図 3.12 のように 2 つの異なるタイプの半導体によって構成されている．それぞれのタイプは p チャネル型 FET，n チャネル型 FET と呼ばれている．FET は入力に電流をほとんど流す必要が

```
CMOS 型論理回路
    ├── 74C00      [CMOS Standard]              CMOS 標準
    ├── 74HC00     [High Speed CMOS]            高速化
    ├── 74AC00     [Advanced CMOS]              HC の改良型
    ├── 74AHC00    [Advanced High speed CMOS]   HC の更なる改良型
    └── 74LV00     [Low Voltage CMOS]           3.3V 以下の電源での動作
        74LVC00    [AdvancedLow Voltage CMOS]   LV の高速化
```

図 3.13　CMOS 型論理回路の種類

なく，ある値以上の電圧が掛かっていればオンになるという特性がある．よって CMOS は低消費電力回路に向いている．

図 3.12 のように入力の電圧が GND(0) のときには p チャネル型 FET がオンになり，電源の電圧 (1) が出力に現れる．また，入力が電源の電圧 (1) のときには n チャネル型 FET がオンになり，出力の電圧は GND(0) となる．

CMOS 型論理回路は **4000 シリーズ**と呼ばれる RCA 社によって規格化されたものと，TTL の 74 シリーズと互換性のある種類がある．図 3.13 に 74 シリーズと互換性のある種類を得示す．

● アナログ–ディジタル混在型 IC ●

最近は CPU とディジタル回路，そしてアナログ回路が混在できるプログラブル IC がある．この IC は PSoC (Programmable System on Chip) と言い，8bit の CPU にカウンタやシリアル IF，フィルタ回路を構成可能なオペアンプが混在している．ピン配置の制約も少なく，便利に使える IC の 1 つとなっている．

3.3 ディジタル電子回路部品の特性と規格表

TTL や CMOS などの半導体部品はその特性を理解して使わなければならず，その特性は半導体部品の仕様書または規格表から読み取らなければならない．確認しなければならない項目は**絶対最大定格** (absolute maximum ratings)，**奨励動作条件** (recommended operating conditions)，**電気的特性** (electrical characteristics)，**スイッチング特性** (switching characteristics) である．

3.3.1 絶対最大定格

この仕様は絶対に守らなければならない項目である．この項目に記載されている数値を超えて部品を扱えば，部品の破壊や性能低下などを起こす可能性がある．

表 3.1 に示す 74ALS00 の仕様では電源電圧および各入力信号の最大の電圧の値が 7 V となっている．これ以上の電圧を入れると TTL が壊れる可能性がある．

表 3.1 TTL の絶対最大定格 (TI 74ALS00 仕様書より抜粋)

absolute maximum ratings

Supply voltage	V_{CC}	7 V
Input voltage	V_I	7 V
Operating free-air temperature range	T_A	0 ℃ to 70 ℃
Storage temperature range		−65 ℃ to 150 ℃

3.3.2 奨励動作条件

この仕様の範囲で動かすことで半導体部品は安定的に動作することができる．表 3.2 に示す 74ALS00 の仕様では，電源電圧は 4.5 V〜5.5 V の範囲，1 と認識される入力電圧は 2 V 以上，0 と認識される入力電圧は 0.8 V 以下となっている．また出力できる電流も最大値が決まっており，1 つの出力に対して複数の部品を接続する場合に注意する必要がある．

3.3.3 信号レベル

TTL や CMOS の論理素子は入力の信号が 1 (High) と認められるには奨励動作条件の V_{IH} の項目を，0 (Low) と認められるには V_{IL} を満足している必要

表 3.2 TTL の奨励動作条件 (TI 74ALS00 仕様書より抜粋)

recommended operating conditions

		SN74ALS00A			UNIT
		MIN	NOM	MAX	
V_{CC}	Supply voltage	4.5	5	5.5	V
V_{IH}	High-level input voltage	2			V
V_{IL}	Low-level input voltage			0.8	V
I_{OH}	Hight-level output current			−0.4	mA
I_{OL}	Low-level output current			8	mA
T_A	Operating free-air temperature	0		70	℃

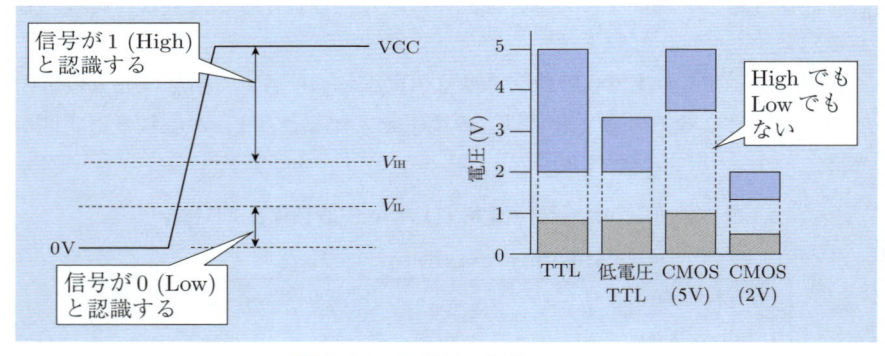

図 3.14 各素子の信号レベル

がある．

この V_{IH} や V_{IL} は図 3.14 のように TTL や CMOS などの種類や電源電圧によって異なる．例えば TTL は通常 $V_{IH} = 2\,\mathrm{V}$, $V_{IL} = 0.8\,\mathrm{V}$ であるが，電源電圧が 5V の CMOS の場合は $V_{IH} = 3.5\,\mathrm{V}$, $V_{IL} = 1\,\mathrm{V}$ となる．異なる種類の半導体を接続して使う場合には信号レベルに注意しなければならない．

3.3.4 ファンアウト

1 つの出力から出すことのできる電流は電気的特性で決まっており，表 3.2 に示す I_{OH} および I_{OL} の項目に記載されている．このため 1 つの出力に対して接続できる半導体素子の数は I_{OH}, I_{OL} と共に表 3.3 に示す電気的特性の I_{IH} および I_{IL} の項目の数値から求める必要がある．これを**ファンアウト** (fan out)

3.3 ディジタル電子回路部品の特性と規格表

表 3.3 TTL の電気的特性 (TI 74ALS00 仕様書より抜粋)

electrical characteristics

PARAMETER	TEST CONDITIONS		SN74ALS00A			UNIT
			MIN	TYP	MAX	
V_{IK}	$V_{CC} = 4.5\,\text{V}$	$I_I = -18\,\text{mA}$			-1.5	V
V_{OH}	$V_{CC} = 4.5\,\text{V to }5.5\,\text{V}$	$I_{OH} = -0.4\,\text{mA}$	$V_{CC} = 2$			V
V_{OL}	$V_{CC} = 4.5\,\text{V}$	$I_{OL} = 4\,\text{mA}$		0.25	0.4	V
		$I_{OL} = 8\,\text{mA}$		0.35	0.5	
I_I	$V_{CC} = 5.5\,\text{V}$	$V_I = 7\,\text{V}$			0.1	mA
I_{IH}	$V_{CC} = 5.5\,\text{V}$	$V_I = 2.7\,\text{V}$			20	μA
I_{IL}	$V_{CC} = 5.5\,\text{V}$	$V_I = 0.4\,\text{V}$			-0.1	mA

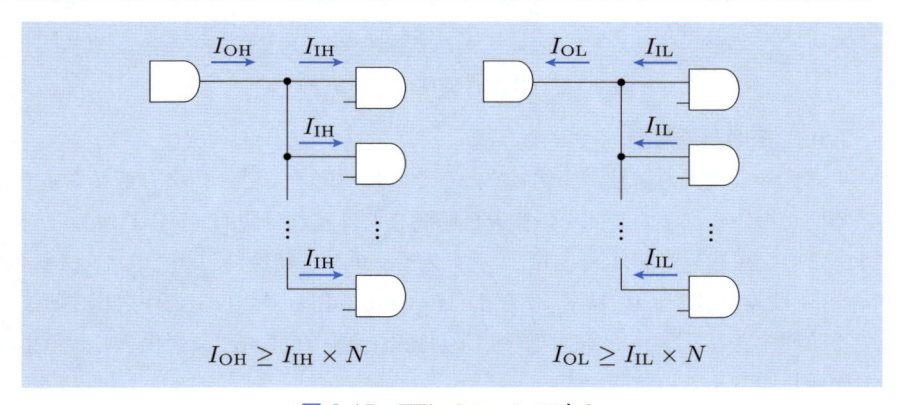

$$I_{OH} \geq I_{IH} \times N \qquad I_{OL} \geq I_{IL} \times N$$

図 3.15 TTL のファンアウト

と言う.TTL では通常ファンアウトは 10〜20 程度となる.

　ファンアウトは出力が 1 (High) の場合と 0 (Low) の場合では異なる場合がある.図 3.15 は TTL の場合におけるファンアウトの計算例である.N の数は I_{OH} および I_{OL} を越えないように決める必要がある.

　CMOS は電流駆動の素子でなく,図 3.16 のようにパッケージの入出力端子の容量からファンアウトを決める.通常 CMOS の出力の負荷量 CL は 50 pF と規定されており,入力端子の容量 C_{IN} は 6〜10 pF 程度である.よって,CMOS では通常ファンアウトは 5〜8 程度となる.N の数は CL を越えないように決める必要がある.

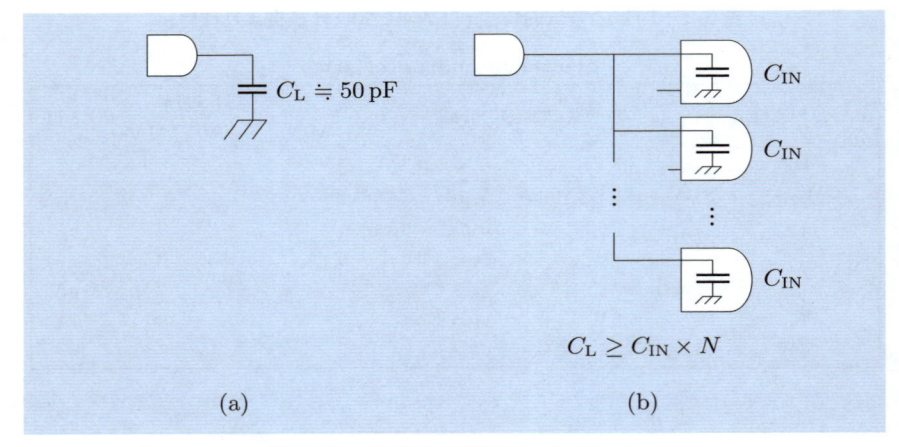

図 3.16　CMOS 素子のファンアウト

3.3.5　伝搬遅延時間

半導体素子は入力信号が変化してからそれに対応する信号が出力されるまでに時間が掛かる．この時間を**伝搬遅延時間**または**遅れ時間** (Delay Time) と言う．この伝搬遅延時間は図 3.17 に示す**スイッチング特性**に記載されている．

t_{PLH} は入力信号が 0 (Low) から 1 (High) に変化してから出力が変化するまでの時間であり，t_{PHL} は入力信号が 1 (High) から 0 (Low) に変化してから出力が変化するまでの時間である．

この伝搬遅延時間は図 3.18 のように TTL，CMOS の種類によって異なる．

3.3 ディジタル電子回路部品の特性と規格表

switching characteristics

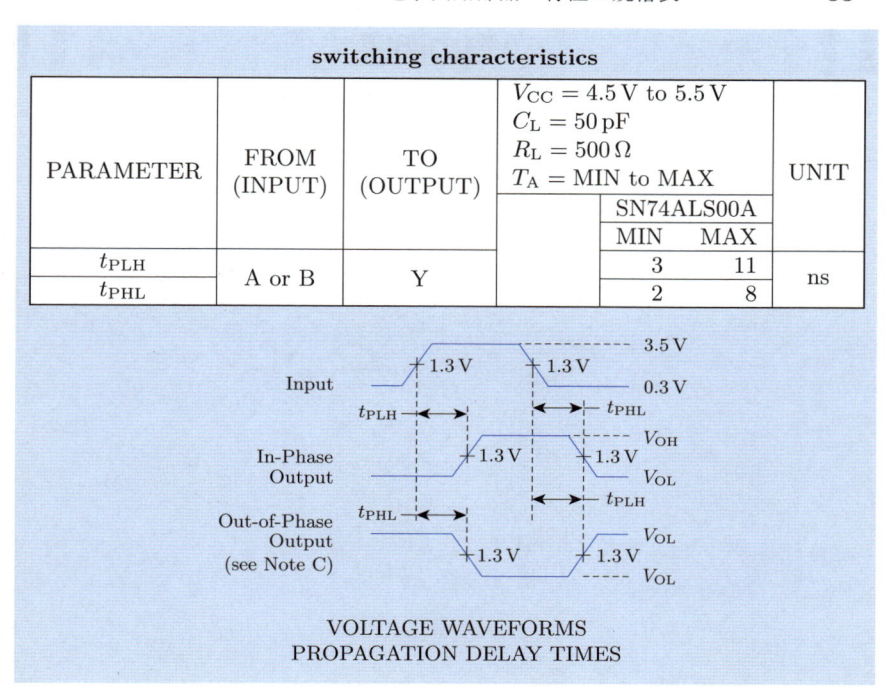

PARAMETER	FROM (INPUT)	TO (OUTPUT)	$V_{CC} = 4.5\,\text{V}$ to $5.5\,\text{V}$ $C_L = 50\,\text{pF}$ $R_L = 500\,\Omega$ $T_A =$ MIN to MAX		UNIT
			SN74ALS00A		
			MIN	MAX	
t_{PLH}	A or B	Y	3	11	ns
t_{PHL}			2	8	

VOLTAGE WAVEFORMS
PROPAGATION DELAY TIMES

図 3.17 TTL のスイッチング特性 (TI 74ALS00 仕様書より抜粋)

	Standard TTL		LS-TTL		ALS-TTL		S-TTL		AS-TTL		HCL (CMOS)		単位	記号
	Typ	Max	Typ	Max	Typ	Max	Typ	Max	Typ	Max	Typ	Max		
Low から Hight へ	11	22	9	15	3	11	3	4.5	1	4.5	8	15	ns	t_{PHL}
Hight から Low へ	7	15	10	15	2	8	3	5	1	5			ns	t_{PLH}

図 3.18 各種論理素子の伝搬時間

3章の問題

☐ **3.1** TTL の型番 7400 を用いて 7486 と同じ入出力の回路を実現しなさい．

☐ **3.2** 以下のディジタル回路の素子の問に答えなさい．
(1) 以下の図に適切な数値を入れなさい．

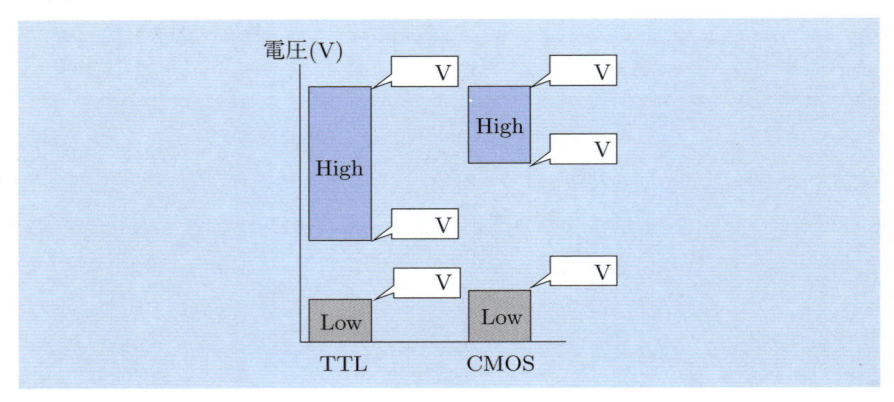

図 3.19

(2) TTL 出力の部品 (IC) に CMOS 入力の部品 (IC) を接続したい．どのようにすればよいか答えなさい．

第4章

組み合わせ回路

　複雑なディジタル回路も基本的な回路を複数組み合わせることで実現できる．本章では複数の論理素子を組み合わせることで複数の入力から出力が決まる組み合わせ回路について学ぶ．組み合わせ回路の基本的な考え方は真理値表である．真理値表から論理式を展開し，簡単化した後に論理素子によって実現する．

> **4章で学ぶ概念・キーワード**
> - 組み合わせ回路
> - 加算回路
> - 各種回路構成

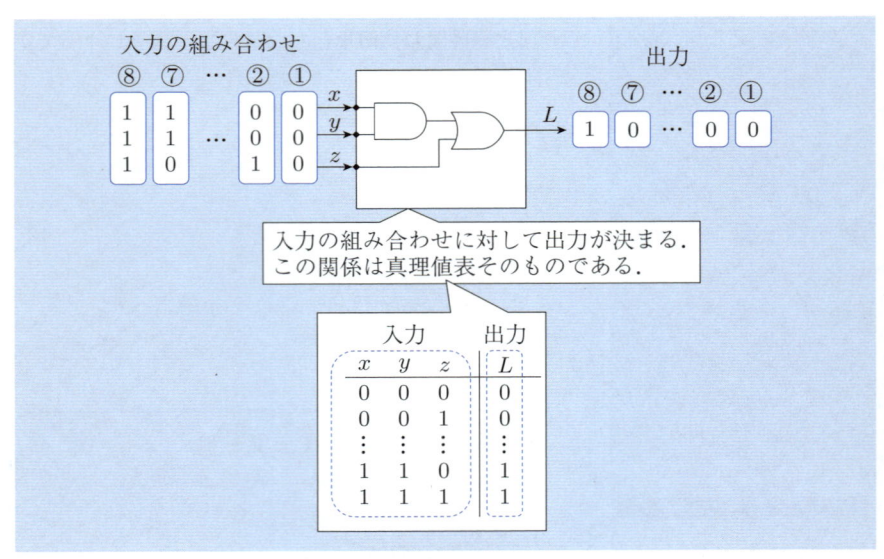

4.1 組み合わせ回路

組み合わせ回路 (Combination Logic) は複数の論理素子を組み合わせた回路であり，例えば図 4.1 に示すように入力の組み合わせに対して出力が決まる回路である．具体的に図 4.1 の場合，AND 素子には x および y が入力されており，OR 素子には AND 素子の出力と z が入力されている．これを式で表すと以下のようになる．

$$L = (x \cdot y) + z \tag{4.1}$$

つまり，入力 x, y, z が決まれば出力 L が決まることになる．この関係は真理値表そのものと言える．真理値表は入力と出力の関係を表した表であり，全ての入力の組み合わせに対する出力が記述されている．よって組み合わせ回路の場合，入力の状態によって出力が決まるため，その関係を真理値表として表すことができる．このように組み合わせ回路は真理値表を記述することで回路の構成を考えることができる．

真理値表から組み合わせ回路を導くには加法標準形で論理式を構成するのが簡

図 4.1 組み合わせ回路の例

4.1 組み合わせ回路

入力 x	入力 y	入力 z	出力 L
0	0	0	0
0	0	1	0
0	1	0	1
0	1	1	1
1	0	0	0
1	0	1	1
1	1	0	1
1	1	1	1

$L = (\overline{x} \cdot y \cdot \overline{z}) +$
$(\overline{x} \cdot y \cdot z) +$
$(x \cdot \overline{y} \cdot z) +$
$(x \cdot y \cdot \overline{z}) +$
$(x \cdot y \cdot z) +$

(a) 真理値表と組み合わせ回路

$L = (x \cdot z) + y$

(b) 簡単化後の組み合わせ回路

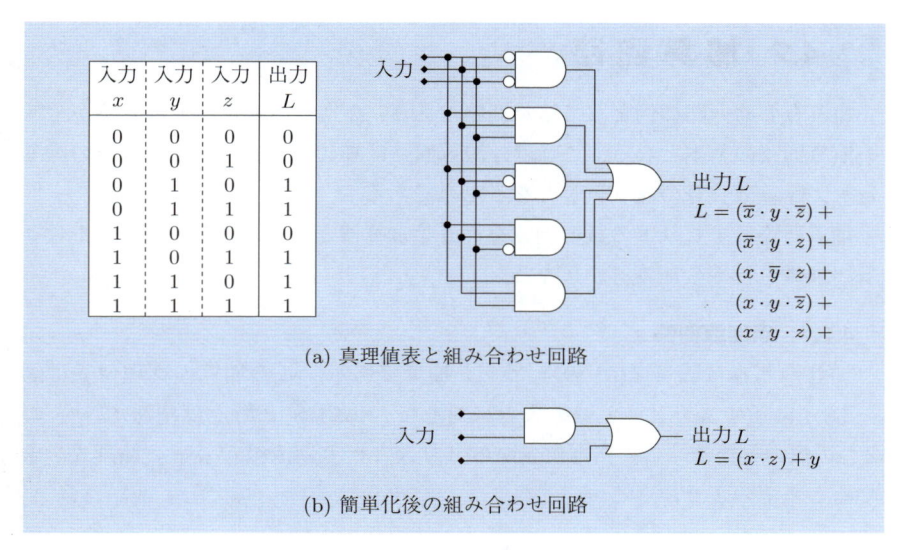

図 4.2　真理値表と組み合わせ回路

単である．しかし，真理値表から得た論理式をそのまま回路にすると図 4.2 (a) のように論理素子が多くなる．よって第 2 章で説明した簡単化が必要となる．図 4.2 (b) は簡単化後の回路になるが，大幅に論理素子が省かれていることが分かる．

4.2 加算回路

組み合わせ回路の例として演算回路がある．2 進数の演算は**加算回路**が全ての演算回路の基本となる．これは，減算回路は補数の加算，乗算は加算の繰り返し，除算は減算の繰り返しとなるためである．

加算回路は 1 ビットの数の加算を行う半加算器と桁上がりを考慮した 1 ビットの加算を行う全加算器からなる．

4.2.1 半加算回路

加算の基本は図 4.3 (a) の 1 ビット加算である．この加算の真理値表は図 4.3 (b) に示すように，2 つの入力に対して，出力 S と桁上げ情報 C_{OUT} の 2 つの出力となる．この真理値表から出力 S と桁上げ情報 C_{OUT} の論理式を求めると以下のようになる．

$$S = \overline{x} \cdot y + x \cdot \overline{y} \tag{4.2}$$

$$C_{\mathrm{OUT}} = x \cdot y \tag{4.3}$$

これらの論理式は図 4.4 (a) で示される論理回路で実現できる．このとき出力 S は真理値表から排他的論理和 (ExOR) と同じであることが分かる．よって，図 4.4 (a) の出力 S は図 4.4 (b) のように ExOR で置き換えることができる．この 1 ビット加算の回路は**半加算器**または**ハーフアダー** (Half Adder) と呼ばれ，図 4.5 の記号で表す．

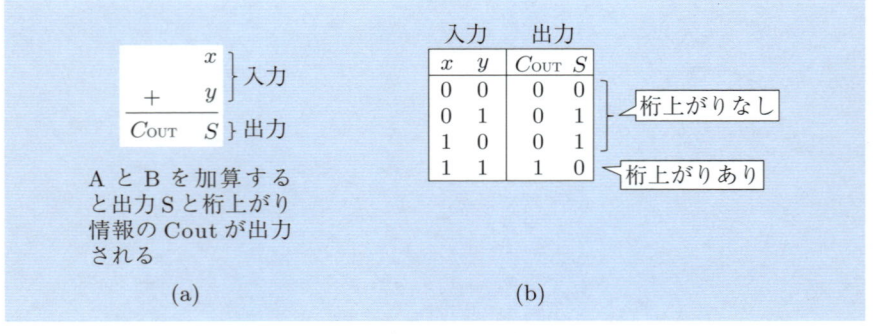

図 4.3　1 ビット加算と真理値表

4.2 加算回路

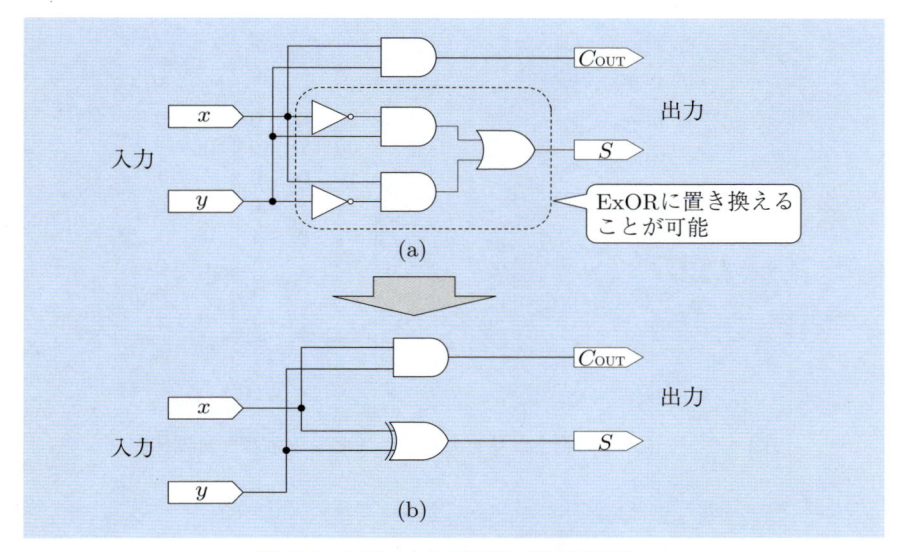

図 4.4 1 ビット加算回路（半加算器）

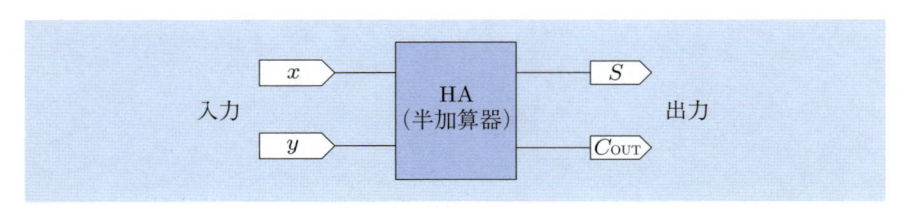

図 4.5 半加算器の記号

4.2.2 全加算回路

論理変数が 2 つの加算は基本的に入力が 2 つであるため半加算器のみで構成可能であるものの，実際には下の桁からの繰り上げを考慮する必要がある．よって図 4.6 (a) に示すように入力は 3 つとなり，その組み合わせは 2^n より 8 通りとなる．この加算の真理値表は図 4.6 (b) に示すように 3 つの入力 (x, y, C_{IN}) に対して，出力 S と桁上げ情報 C_{OUT} の 2 つの出力がある．この真理値表から出力 S と桁上げ情報 C_{OUT} の論理式を求めると以下のようになる．

$$S = (x \cdot y) \oplus C_{\text{IN}} \oplus \tag{4.4}$$

$$C_{\text{OUT}} = (x \cdot y) + C_{\text{IN}} \cdot (x + y) \tag{4.5}$$

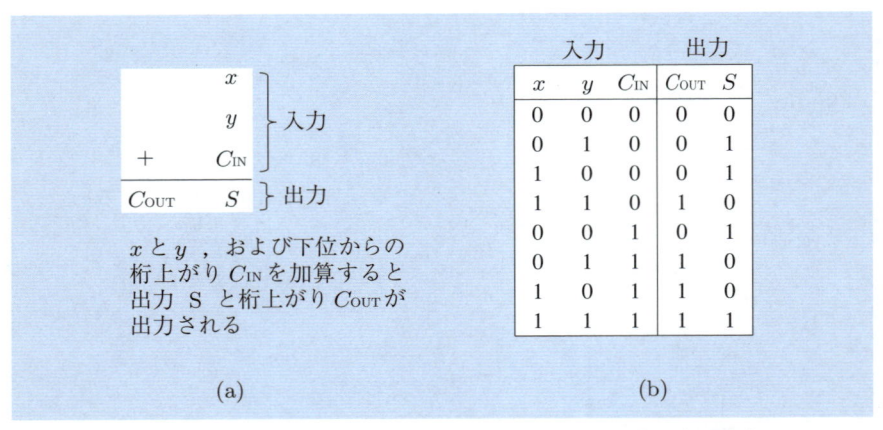

	入力		出力	
x	y	C_{IN}	C_{OUT}	S
0	0	0	0	0
0	1	0	0	1
1	0	0	0	1
1	1	0	1	0
0	0	1	0	1
0	1	1	1	0
1	0	1	1	0
1	1	1	1	1

x と y，および下位からの桁上がり C_{IN} を加算すると出力 S と桁上がり C_{OUT} が出力される

(a)　　　　　　　　　　(b)

図 4.6　下位からの桁上がりを考慮した 1 ビット加算と真理値表

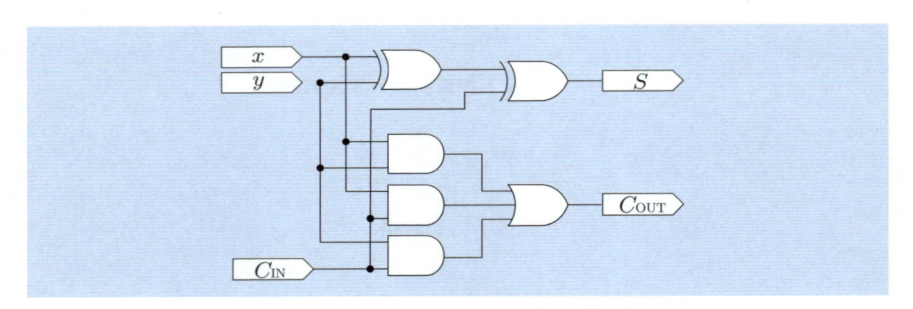

図 4.7　1 ビット加算回路（全加算器）

図 4.7 にこの論理式を実現する論理回路を示す．この桁上がりを考慮した 1 ビット加算の回路は**全加算器**または**フルアダー** (Full Adder) と呼ばれ，図 4.8 の記号で表す．なお全加算器は図 4.9 に示すように 2 つの半加算器と 1 つの論理和 (OR) で表すこともできる．

4.2.3　n ビット加算回路

図 4.10 のように 1 つの半加算器と複数の全加算器を組み合わせることで，n ビットの加算器を構成することができる．なお n ビットの場合，半加算器の数は 1 個，全加算器の数は $n-1$ 個となる．

4.2 加算回路

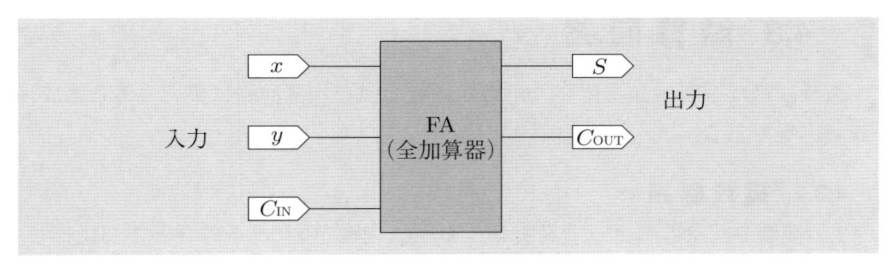

図 4.8 全加算器の記号

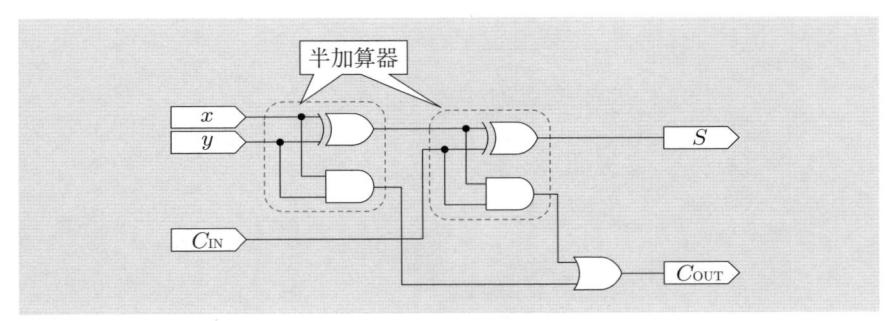

図 4.9 HA を用いた全加算器回路

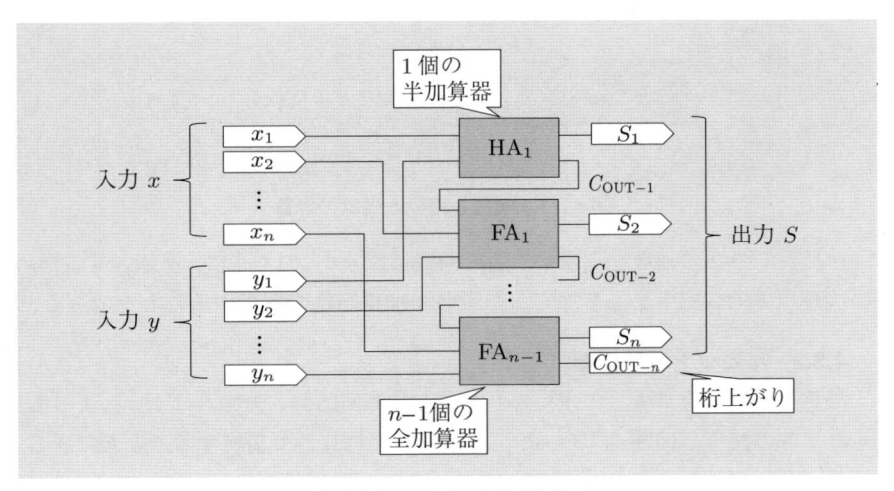

図 4.10 n ビット加算回路

4.3 減算回路

減算回路は 2 の補数を用い，求めた補数の値を加算回路に入力することで演算が実現できる．

4.3.1 補数回路

2 の補数の回路は第 2 章で説明したように，全てのビットの 0 と 1 を反転し，1 を加算することで求めることができる．図 4.11 は補数を用いた減算の計算を表したものである．

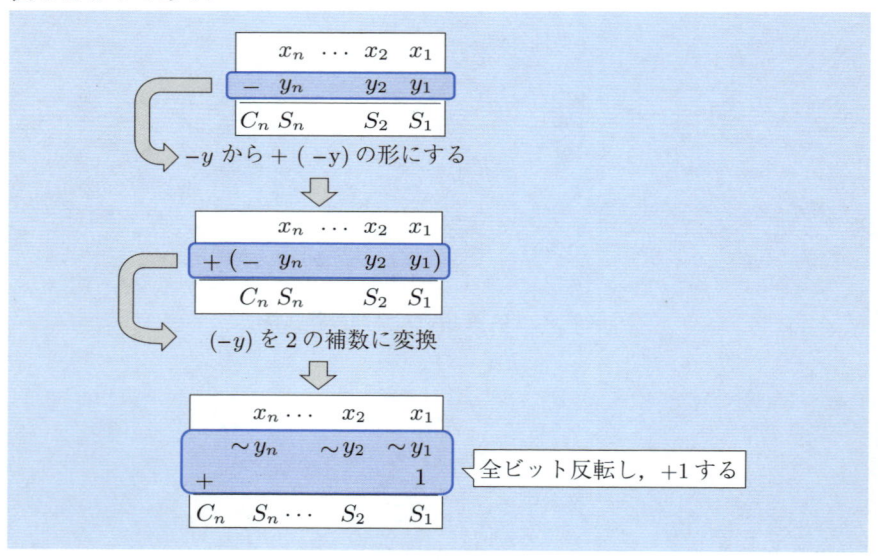

	x_n	$\cdots$	x_2	x_1
$-$	y_n		y_2	y_1
C_n	S_n		S_2	S_1

$-y$ から $+(-y)$ の形にする

	x_n	$\cdots$	x_2	x_1
$+(-$	y_n		y_2	$y_1)$
C_n	S_n		S_2	S_1

$(-y)$ を 2 の補数に変換

	x_n	$\cdots$	x_2	x_1
	$\sim y_n$	$\sim y_2$	$\sim y_1$
$+$				1
C_n	S_n	$\cdots$	S_2	S_1

全ビット反転し，$+1$ する

図 4.11　補数を用いた減算の計算

n ビットの 2 の補数を実現する論理回路は図 4.12 のように，反転させるための論理否定 (NOT) と 1 を加える複数の半加算回路で構成することができる．

4.3.2 n ビット減算回路

減算回路は補数によって求められた値を加算回路に入力すればよい．よって，n ビットの減算は図図 4.13 のように n 個の全加算器で構成することができる．加算回路と異なり，最初のビットに対しても全加算器が使われていることに注意されたい．

4.3 減算回路

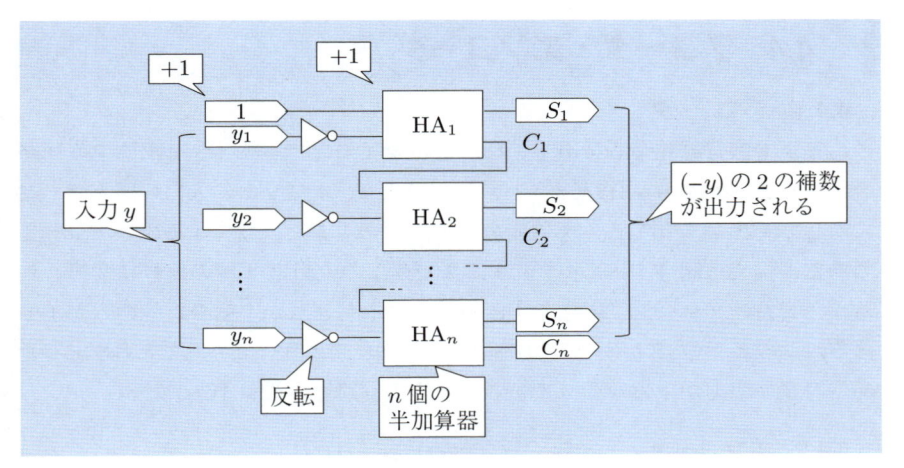

図 4.12　2 の補数を実現する回路

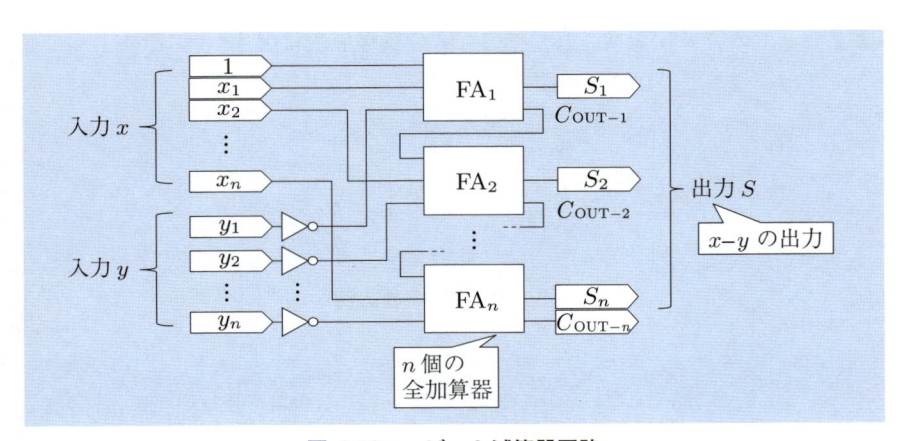

図 4.13　n ビット減算器回路

4.4 デコーダ・エンコーダ

4.4.1 デコーダ

n ビットの符号化 (code 化) された情報を元の 2^n 個の信号に変換する回路を**デコーダ** (Decoder：**復号器**) と言う．つまり，n ビットの入力の組み合わせに対して，2^n 個の出力のうち特定の出力だけを 1 または 0 にするのがデコーダである．例えば図 4.14 に示すように 2 ビットの入力は 4 個の信号に変換されるが，入力のパターンに応じて 4 個の出力のうちどれか 1 個の信号のみが 1 となる．このときのデコーダの真理値表は図 4.15 のように表され，入力に応じたある特定の出力が 1 となる．またこのときの回路図は図 4.16 となる．

4.4.2 エンコーダ

デコーダとは逆に 2^n 個の入力に対する n ビットの符号を発生させる回路を**エンコーダ** (Encoder：**符号器**) と言う．例えば図 4.17 に示すように 4 個の入力は 2 ビットの符号に変換され，このときの真理値表は図 4.18 に示すようになる．またこのときの回路図は図 4.19 となる．

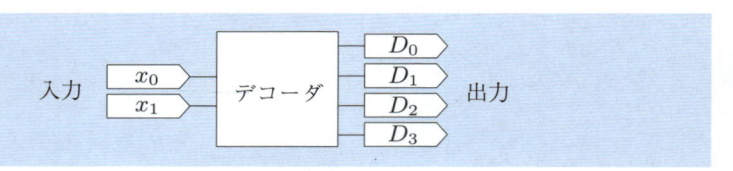

図 4.14　デコーダの例

x_1	x_0	D_0	D_1	D_2	D_3
0	0	1	0	0	0
0	1	0	1	0	0
1	0	0	0	1	0
1	1	0	0	0	1

入力 A_0, A_1 の組み合わせによって出力 $D_0 \sim D_3$ のどれかが「1」になる．

図 4.15　2 入力 4 出力デコーダの真理値表の例

4.4 デコーダ・エンコーダ

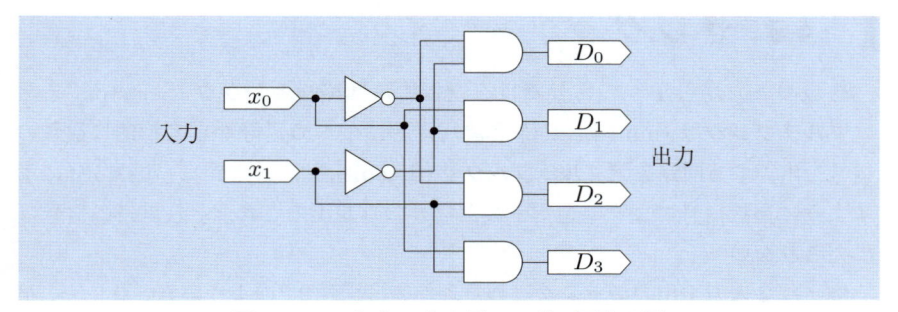

図 4.16　2 入力 4 出力デコーダの回路の例

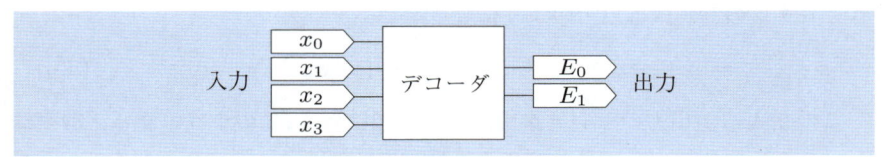

図 4.17　エンコーダの例

入力				出力	
x_3	x_2	x_1	x_0	E_1	E_0
0	0	0	1	0	0
0	0	1	0	0	1
0	1	0	0	1	0
1	0	0	0	1	1

入力 $A_0 \sim A_3$ のどれかに信号を入れることで，出力 E_0, E_1 の組み合わせが決まる．

図 4.18　4 入力 2 出力エンコーダの真理値表の例

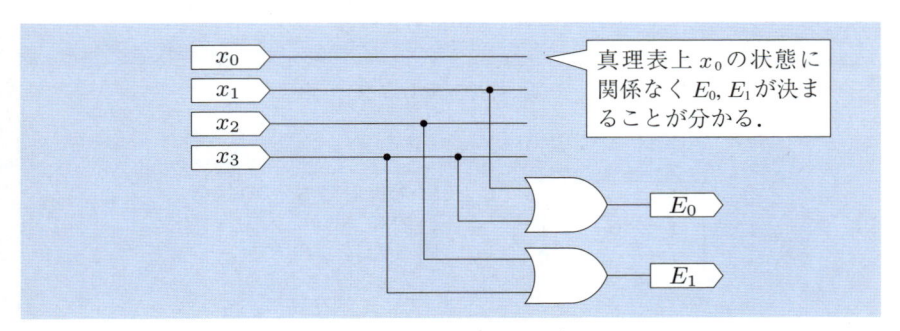

真理表上 x_0 の状態に関係なく E_0, E_1 が決まることが分かる．

図 4.19　4 入力 2 出力エンコーダの回路の例

4.5 セレクタ

複数の入力から 1 つの信号だけを選択する回路を**セレクタ** (Selector) または**マルチプレクサ** (multiplexer) と言う．逆に 1 つの信号から選択的に複数の信号を出力する回路を**デマルチプレクサ** (demultiplexer) と言う．図 4.20 に示すように選択信号によって選択された信号のみが出力され，それ以外の信号は出力されない．

例えば 2 入力 1 出力のセレクタの真理値表は図 4.21 のように表され，S_{IN} が 1 のときには入力 x が選択され，S_{IN} が 0 のときには y が選択される．このときセレクタの論理式は以下のようになる．

$$S_{\mathrm{OUT}} = (x \cdot S_{\mathrm{IN}}) + (y \cdot \overline{S_{\mathrm{IN}}}) \tag{4.6}$$

この 2 入力 1 出力のセレクタの論理回路図は図 4.22 のようになる．例えば S_{IN} が 1 のとき y が入力されている AND 素子の出力は常に 0 となるが，x が入力されている AND 素子は x の入力状態がそのまま出力される．なおデマルチプレクサの回路例を図 4.23 に示す．

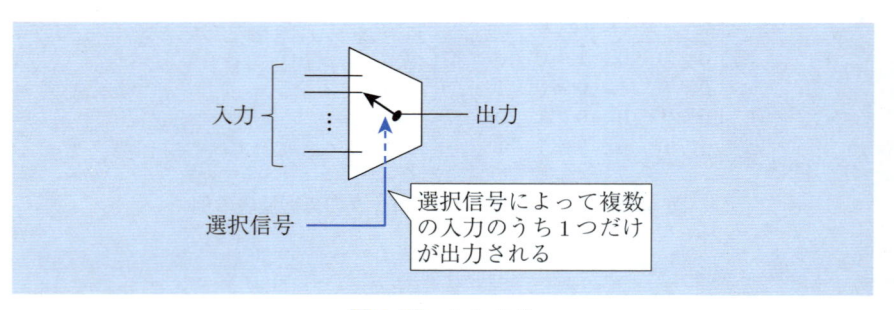

図 4.20　セレクタ

入力			出力
x	y	S_{IN}	S_{OUT}
x	y	1	x
x	y	0	y

選択信号 S_{OUT} の状態によって入力 x または y のどちらかが出力される

図 4.21　セレクタの真理値表

4.5 セレクタ

セレクタ回路の応用例として図 4.24 の 2^n のセレクタ回路がある．選択信号 Sn はデコーダによってある特定の信号のみが 1 になり，入力信号 x_n はデコーダ出力との AND をとることで，特定の入力信号のみの出力を伝えることができる．

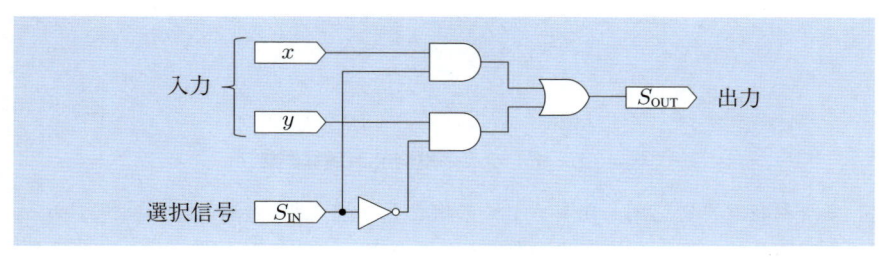

図 4.22 セレクタの回路例

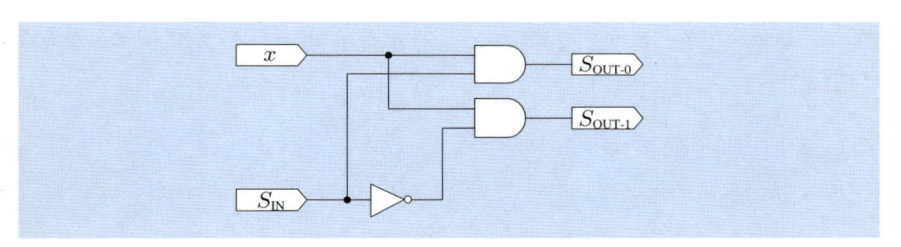

図 4.23 デマルチプレクサ回路例

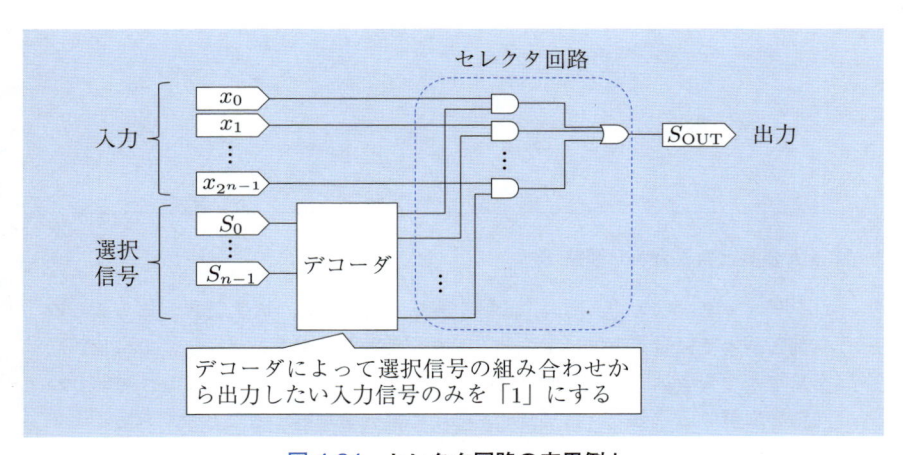

図 4.24 セレクタ回路の応用例 I

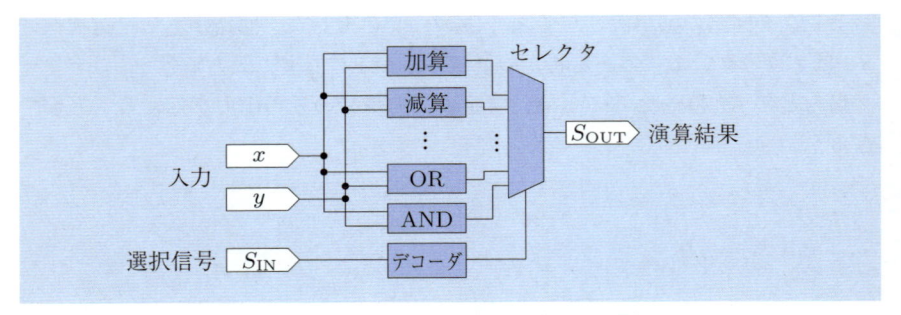

図 4.25　セレクタ応用例 II（演算回路）

またセレクタを応用したもう1つの例として図4.25の演算器の回路がある．この回路では複数の演算回路が存在し，それぞれの演算出力がセレクタに入り，デコーダによって特定の演算回路の出力が選択されることになる．つまり，デコーダとセレクタの組み合わせによって特定の命令に沿った演算結果を得ることができる．

● 5大装置と組み合わせ回路 ●

コンピュータには入力，出力，記憶，演算，制御という5大装置がある．このうち制御装置では命令を解析するデコーダが使われており，演算装置では加算回路を基本とする演算回路，論理演算回路などが使われている．つまり，組み合わせ回路を理解することでコンピュータの中心部分を理解することができることになる．

4.6 比較回路

2つの入力された信号の大小関係を比較する回路を**コンパレータ** (comparator) と言う．これは 2 つの入力信号のうちどちらが大きいか，小さいか，または等しいかを調べる回路である．図 4.26 に 1 ビットのコンパレータの真理値表と回路図を示す．出力としては $x = y$, $x > y$ および $x < y$ の 3 つになる．図 4.26 の回路では x と y が一致したとき $x = y$ の出力が 1 になり，x が大きいときには $x > y$ の出力が 1 に，x が小さいときには $x < y$ の出力が 1 になる．これを複数繋げることで数値を比較する回路を構成することができる．

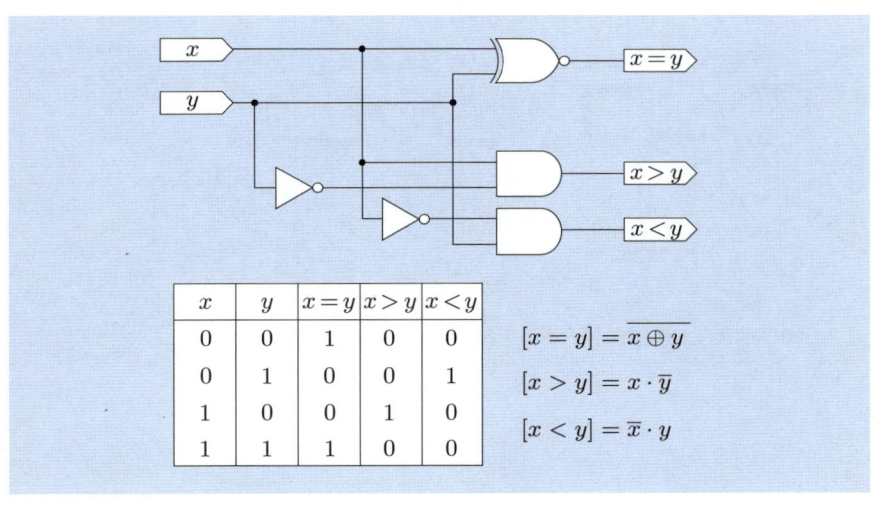

x	y	$x=y$	$x>y$	$x<y$
0	0	1	0	0
0	1	0	0	1
1	0	0	1	0
1	1	1	0	0

$$[x = y] = \overline{x \oplus y}$$
$$[x > y] = x \cdot \overline{y}$$
$$[x < y] = \overline{x} \cdot y$$

図 4.26　比較回路の例

4章の問題

☐ **4.1** 半加算回路を 5 個の NAND 回路で表しなさい．

☐ **4.2** $A_0 \sim A_3$ と $B_0 \sim B_3$ の入力における 4 ビットの加減算回路を全加算器とセレクタによって実現したい．どのような構成にすればよいか図示しなさい．なお，セレクタの入力は 1 ビット，出力は 2 ビットとし，その他の論理素子として AND と NOT を複数個使えるものとする．

☐ **4.3** 図 4.27 の (a)〜(d) はある記号を表示する 4 セグメント表示であり，この表示を実現するために (e) のような入力が 2 ビット，出力が 4 ビットの回路が必要となる．図のような表示を実現するためにどのような回路にすべきか答えなさい．

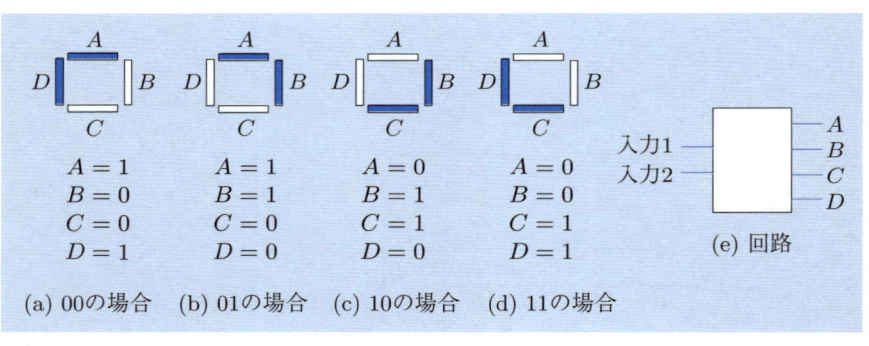

(a) 00 の場合
$A = 1$
$B = 0$
$C = 0$
$D = 1$

(b) 01 の場合
$A = 1$
$B = 1$
$C = 0$
$D = 0$

(c) 10 の場合
$A = 0$
$B = 1$
$C = 1$
$D = 0$

(d) 11 の場合
$A = 0$
$B = 0$
$C = 1$
$D = 1$

(e) 回路

図 4.27

第5章

フリップフロップ

　本章では状態を記憶する回路であるフリップフロップについて学ぶ．組み合わせ回路は入力の状態に対して出力が即応して変化するが，ある状態を安定的に保持する場合には不向きである．ここではある状態を安定的に保持するための回路であるフリップフロップについて理解する．

> **5章で学ぶ概念・キーワード**
> - フリップフロップ
> - SR-FF
> - JK-FF
> - T-FF, D-FF

第 5 章 フリップフロップ

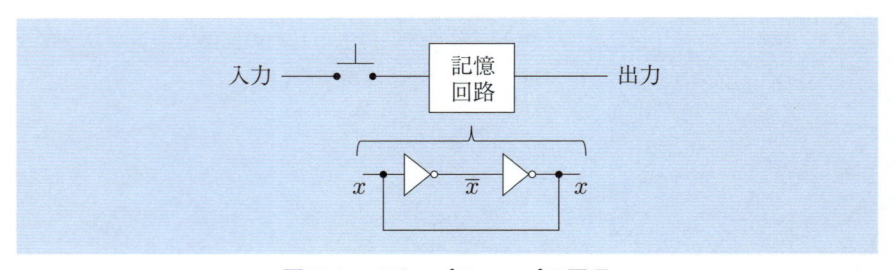

5.1 フリップフロップ

フリップフロップ (flip-flop) は 2 つの安定した状態を持ち，外部入力と内部の状態の条件が合ったときに，ある**安定状態**から他方の安定状態に移る回路である．なおフリップフロップとはシーソーのように状態が変化することから付けられている．

図 5.1 はフリップフロップの基本的な考え方である．外部の入力から x を入力すると，記憶回路には x が保持される．この記憶回路は 2 つの論理否定で構成されている．最初の論理否定の入力は x であり，出力は $\bar{x}$ となる．そして，2 つ目の論理否定の入力となる．2 つ目の論理否定の出力は x となるが，その出力はそのまま最初の論理否定の入力となる．ここで外部の入力を遮断しても 1 つ目の論理否定の入力は 2 つ目の出力 x のまま変わらず，そのまま x は保持されることになり，結果として x が記憶されたことになる．なお，ここで入力を $\bar{x}$ としたとき，1 つ目の論理否定の出力は x となり，2 つ目の論理否定の出力は $\bar{x}$ となる．このようにフリップフロップは入力の状態を保持することができる．

図 5.1 フリップフロップの原理

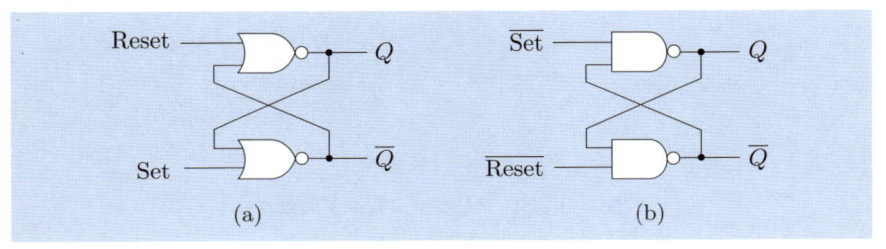

5.2 SR-フリップフロップ

SR フリップフロップ (SR-FF) は 2 つの否定論理和 (NOR) 素子を図 5.2 (a) のようにたすき掛けにした回路である．入力は Set と Reset の 2 つ，出力は Q と Q を反転した $\overline{Q}$ の 2 つとなっている．その他に図 5.2 (b) のように否定論理積 (NAND) 素子を 2 個用いた SR-FF もある．

SR-FF は 3 つの状態を持っており，1 つは出力 Q を初期状態である 0（または反転出力 $\overline{Q}$ を 1）にする Reset，出力 Q を 1（または反転出力 $\overline{Q}$ を 0）にする Set，そして出力の状態を保ち続ける保持となっている．

図 5.2 SR フリップフロップ

5.2.1 SR-FF の動作

SR-FF の動作は以下のようになる．図 5.3 (a) に示すように Set に 1 を Reset に 0 を入力する．このとき Set 側の NOR 素子の出力 $\overline{Q}$ は他方の状態に左右されずに 0 となる．この NOR 素子の出力 $\overline{Q}$ の 0 は図 5.3 (b) のようにそのまま Reset 側の NOR 素子の入力となる．Reset の入力と Set 側の NOR 素子の出力 $\overline{Q}$ の両方が 0 であるため，図 5.3 (c) のように Reset 側の NOR の出力 Q は 1 となる．この出力 Q の 1 は図 5.3 (c) のように Set 側の NOR 素子の入力となる．

ここで Set の入力を 0 に変化させても図 5.3 (d) のように 0 と 1 の入力があるため，出力 $\overline{Q}$ は 0 を保ち，また Reset 側の NOR 素子の入力はどちらも 0 であるため，出力 Q は 1 を保ち続ける．結果として出力 Q および $\overline{Q}$ は Set 側の入力に 1 を入れた状態を保ち続けることになる．また，Reset 側に 1 を入れた場合，出力 Q が 1 に出力 $\overline{Q}$ が 0 のまま保持される．なお，両方の入力に 1 を入れた場合，出力 Q および $\overline{Q}$ は共に 0 となり出力の論理が矛盾するため，SR-FF では Set および Reset の両方に 1 を入力することは禁止されている．

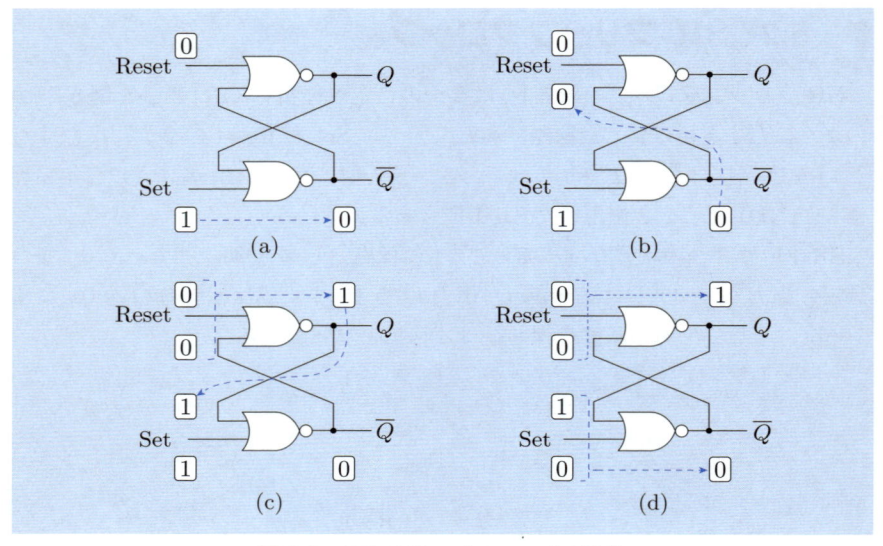

図 5.3　SR フリップフロップの動作

表 5.1　フリップフロップの特性表

入力		出力	
S	R	Q_{t+1}	$\overline{Q_{t+1}}$
0	0	Q_t	$\overline{Q_t}$
0	1	0	1
1	0	1	0
1	1	禁	止

- 入力が両方共に「0」の場合，前の状態を保持（記憶）する
- 入力の状態により出力が変化する
- 入力の両方ともに「1」を入れると，出力が同じ値になり，矛盾するため，同時に「1」を入れることは禁止

5.2.2　SR-FF の真理値表と論理式

SR-FF の動作状態を特性表に示したのが**表 5.1** であり，その論理式は以下のように表される．

$$Q_{t+1} = \overline{(R + \overline{Q_t})} \tag{5.1}$$

$$\overline{Q_{t+1}} = \overline{(S + Q_t)} \tag{5.2}$$

5.3 非同期回路と同期回路

ディジタル電子回路は論理素子に信号を入力した後それに対応する信号が出力するまで若干の時間が生じる．この時間は**伝搬遅延時間**と言われ，複数の素子がある場合，伝搬遅延時間は加算されることになる．例えば図 5.4 のように1つの素子の伝搬遅延時間が t_{pd} の場合，x の出力 x' は $2t_{\mathrm{pd}}$ だけ遅れて出力されることになる．

この伝搬遅延時間の影響をそのまま受ける回路が非同期回路であり，伝搬遅延時間の影響を受けないように決まったタイミングで信号を変化させる回路が同期回路となる．

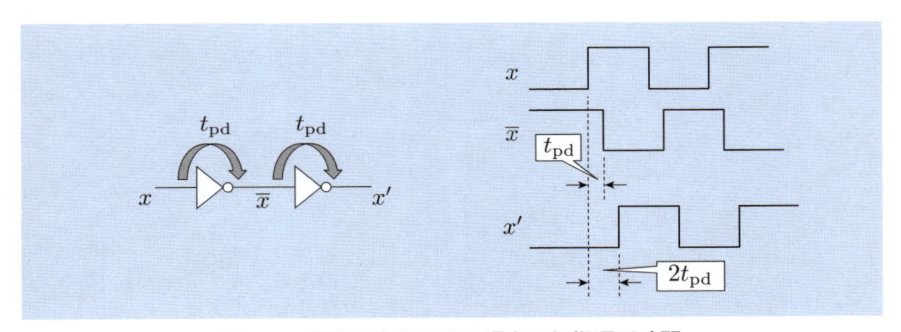

図 5.4 複数の素子がある場合の伝搬遅延時間

5.3.1 非同期回路

回路の入力信号が任意で変化し，出力も伝搬遅延時間を含めて任意で変化する場合，その回路は**非同期回路**と呼ぶ．基本的には組み合わせ回路は非同期回路である．例えば図 5.5 の回路は組み合わせ回路のみで構成された回路である．この回路はそれぞれが入力に対して任意で出力が変化する．① 回路 1 に対する入力が変化した場合，回路 1 の出力は伝搬遅延時間後に変化する．② 変化した信号は回路 3 に入力され，③ 同様に回路 3 の出力は伝搬遅延時間後に変化する．これは回路 2 に対する入力の変化でも同様である．よって非同期回路では回路 1 と回路 2 の出力それぞれが回路 3 の入力の信号となり，回路 3 の出力にそれぞれ影響を与える．なお SR-FF は非同期回路である．

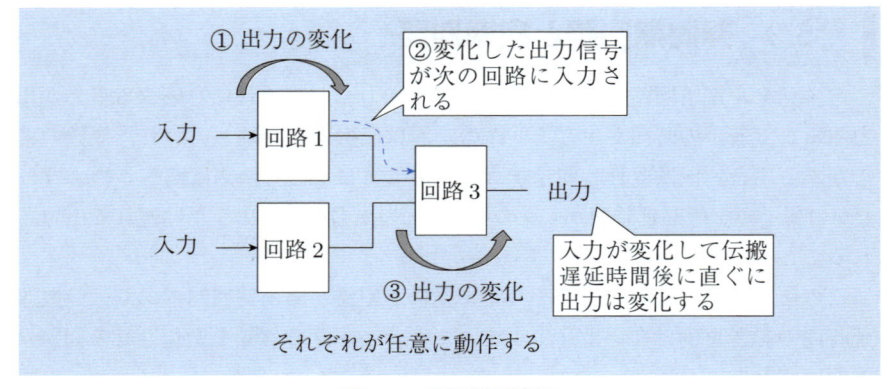

図 5.5　非同期回路例

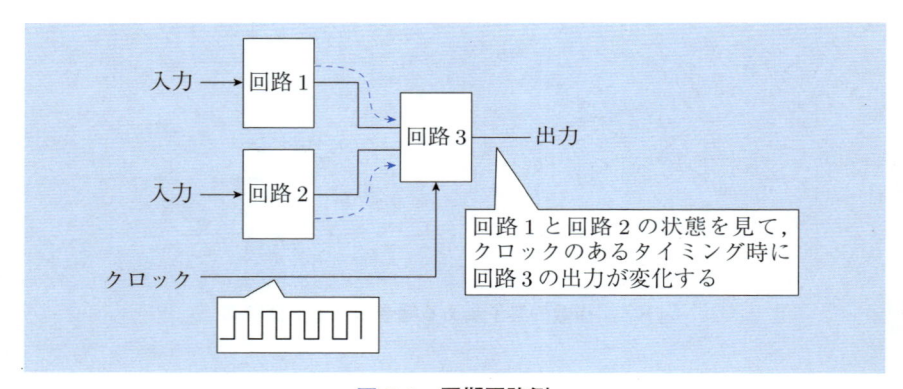

図 5.6　同期回路例

5.3.2　クロックと同期回路

　同期回路は伝搬遅延時間の影響を極力なくすように決まったタイミングで信号を変化させる回路である．この信号を変化させる決まったタイミングの信号は**クロック** (Clock) と呼ばれる規則的な信号が用いられる．クロックは **CLK** とも記載される．図 5.6 は同期回路の例である．

　同期回路を動作させるにはクロックが必要であり，同期回路の出力はクロックのあるタイミングに合わせて変化する．基本的に変化するタイミングは図 5.7 のようにクロックが 0 または 1 のとき，および図 5.8 のように 0 から 1 に変化するタイミング（**立ち上がり**：rising edge），または 1 から 0 に変化するタイミング（**立ち下がり**：falling edge）などがある．

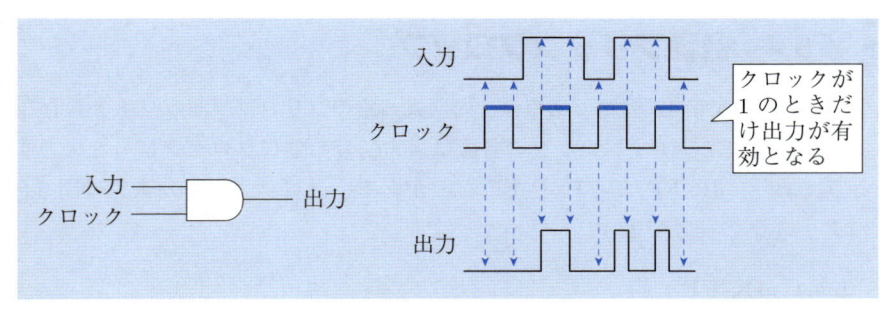

図 5.7　クロックと回路の出力例 (1)

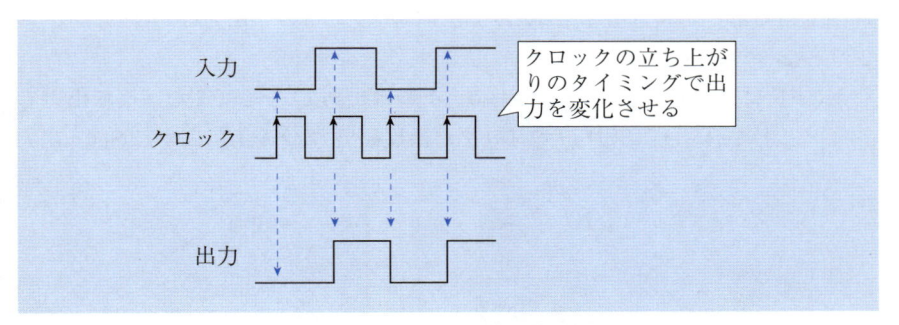

図 5.8　クロックと回路の出力例 (2)

　同期回路ではクロックの立ち上がりと立ち下がりの間隔が短い程，つまり高い周波数のクロックである程入力信号の変化に素早く対応できる．その代わり消費電力が増大することになる．

5.4 各種フリップフロップ

SR-FF は非同期式回路であるが，同期式回路のフリップフロップも多数存在する．同期式フリップフロップの特徴は入力信号の他にクロック信号を入力する点であり，JK-FF, T-FF, D-FF などがある．クロック信号の入力は図 5.9 のように ▷ の記号で表す．

5.4.1 JK-FF

JK フリップフロップ (JK-FF) は図 5.10 のように内部に SR-FF を含んだ同期回路である．入力は J と K およびクロックの3つ，出力は Q および $\overline{Q}$ の2つとなっている．

JK-FF は4つの状態を持っており，1つは出力 Q を 0（または反転出力 $\overline{Q}$ を 1）にする Reset，出力 Q を 1（または反転出力 $\overline{Q}$ を 0）にする Set，出力

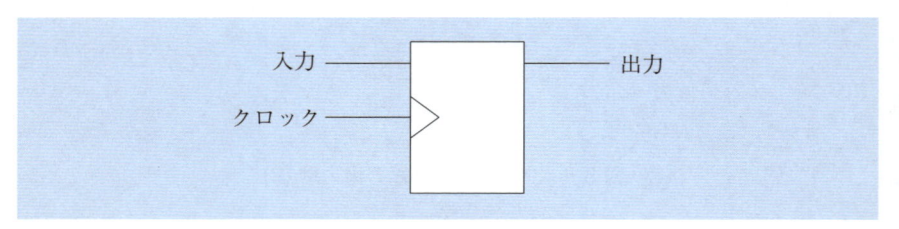

図 5.9 同期式フリップフロップ例

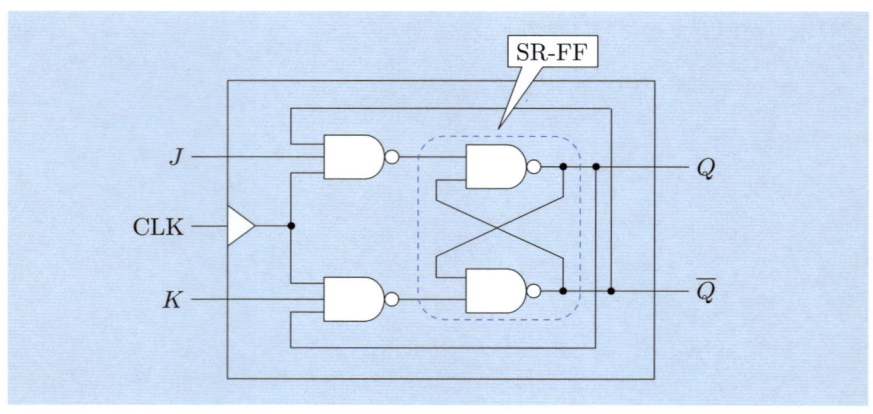

図 5.10 JK フリップフロップ

5.4 各種フリップフロップ

表 5.2 JK-FF の特性表

入力			出力	
J	K	Clock	Q_{t+1}	$\overline{Q}_{t+1}$
0	0	1	Q_t	$\overline{Q}_t$
0	1	1	0	1
1	0	1	1	0
1	1	1	$\overline{Q}_t$	Q_t

入力が両方共に「0」の場合，前の状態を保持（記憶）する

入力の状態により出力が変化する

入力の両方ともに「1」の場合，出力は反転る

の状態を保ち続ける保持，および出力の 反転 となっている．

表 5.2 は JK-FF の特性表であり，その論理式は以下のようになっている．

$$Q_{t+1} = \text{CLK} \cdot J \cdot \overline{Q}_t + ((\overline{\text{CLK}} + \overline{K}) \cdot Q_t) \tag{5.3}$$

JK-FF の CLK が 1 のときに J および K の入力状態により出力が変化する．特に CLK が 1 で J および K が 1 のときに出力 Q および $\overline{Q}$ は反転する．しかしながら，CLK が 1 である期間が長く，かつ，J と K が 1 であるとき，JK-FF は反転を繰り返し，非常に不安定な状態となる．

そこで反転を繰り返さないように図 5.11 のように JK-FF を 2 つ用い，それぞれの JK-FF の動作タイミングをずらすことで，クロックが変化したときのみ出力が変化するようにする．具体的には CLK が 1 のときに図 5.11 のマスター FF が動作し，CKL が 0 のときにスレーブ FF が動作することで安定した状態

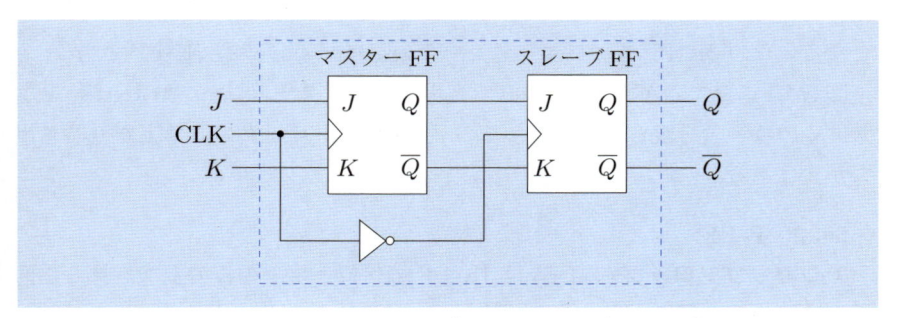

図 5.11 マスタースレーブ型 JK フリップフロップ

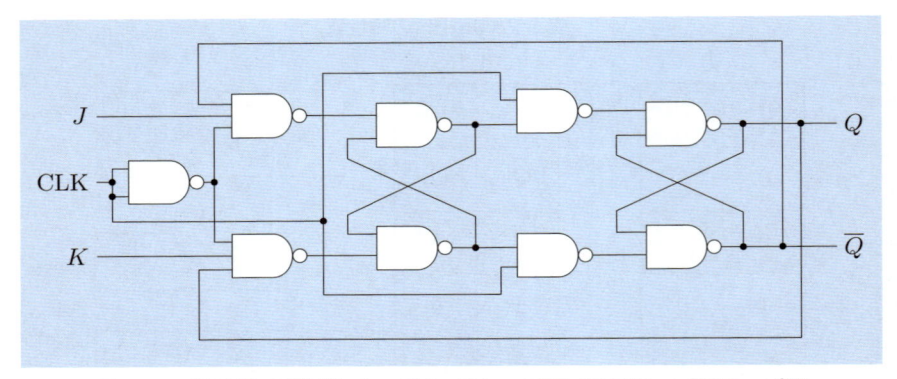

図 5.12 NAND で構成したマスタースレーブ型 JK フリップフロップ例

表 5.3 マスタースレーブ型 JK-FF の特性表

入力			出力	
J	K	Clock	Q_{t+1}	$\overline{Q}_{t+1}$
0	0	立ち上がり	Q_t	$\overline{Q}_t$
0	1		0	1
1	0		1	0
1	1		$\overline{Q}_t$	Q_t
---	---	その他	Q_t	$\overline{Q}_t$

- 入力が両方共に「0」の場合，前の状態を保持（記憶）する
- 入力の状態により出力が変化する
- 入力の両方ともに「1」の場合，出力は反転する
- クロックが立ち上がり以外は前の状態を保持

となる．この JK-FF をマスタースレーブ (master-slave) 型 JK-FF と言う．

図 5.12 に全て NAND 素子のみで実現したマスタースレーブ型 JK-FF を示し，その特性表を表 5.3 に示す．この JK-FF はクロックの立ち上がり時に出力が変化する．

5.4.2 T-FF

T フリップフロップ (T-FF) は JK-FF の保持と反転のみの機能を持った同期回路である．図 5.13 (a) に示すように JK-FF の入力 J と入力 K の 2 つの

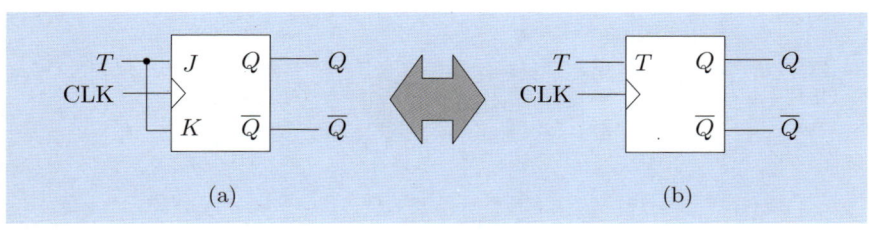

図 5.13 T フリップフロップ

表 5.4 T-FF の特性表

入力		出力	
T	Clock	Q_{t+1}	$\overline{Q}_{t+1}$
0	立ち上がり	Q_t	$\overline{Q}_t$
1	立ち上がり	$\overline{Q}_t$	Q_t
---	その他	Q_t	$\overline{Q}_t$

入力に同じ入力を与えることで T-FF が実現できる．なお T-FF の記号は図 5.13 (b) に，特性表を表 5.4 に示す．また論理式は以下のようになる．

$$Q_{t+1} = (T \cdot \overline{Q}_t) + (\overline{T} \cdot Q_t) \tag{5.4}$$

T-FF は入力 T が 0 のときには状態を保持したままであるが，T が 1 で，かつ，立ち上がりのクロックが入力されたときにその出力が反転する．つまり，T が常に 1 のとき，クロックごとに出力が反転する回路となる．なお，入力 T は**トグル** (toggle) と呼ばれる．

5.4.3 D-FF

D フリップフロップ (D-FF) は入力が D とクロックの 2 つ，出力は Q および $\overline{Q}$ の 2 つからなるフリップフロップである．D-FF は図 5.14 (a) に示すように JK-FF の入力 K に対し入力 J の反転を与えることで D-FF が実現できる．D-FF の記号を図 5.14 (b) に，特性表を表 5.5 に示す．また論理式は以下のようになる．

$$Q_{t+1} = D \tag{5.5}$$

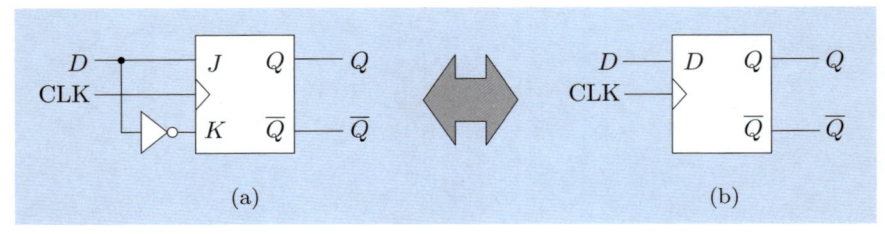

図 5.14　D フリップフロップ

表 5.5　D-FF の特性表

入力		出力	
T	Clock	Q_{t+1}	$\overline{Q}_{t+1}$
0	立ち上がり	0	1
1		1	0
---	その他	Q_t	$\overline{Q}_t$

　D-FF は入力 D が 0 で立ち上がりのクロックが入力されたときには出力 Q を 0 に，反転出力 $\overline{Q}$ を 1 にする．また入力 D が 1 で立ち上がりのクロックが入力されたときには出力 Q を 1 に，反転出力 $\overline{Q}$ を 0 にする．それ以外の場合，状態は保持される．

　D-FF はディジタル電子回路においてよく使われる部品であり，TTL の 74 シリーズの型番では 74 となっている．D-FF である **74LS74** の回路図の例を図 5.15 に示す．図 5.15 の $\overline{\mathrm{PRE}}$ は 0 が入力されたときに出力 Q を 1 に反転出力 $\overline{Q}$ を 0 にし，$\overline{\mathrm{CLR}}$ は 0 が入力されたときに出力 Q を 0 に，反転出力 $\overline{Q}$ を 1 に強制的にする入力である．

5.4 各種フリップフロップ

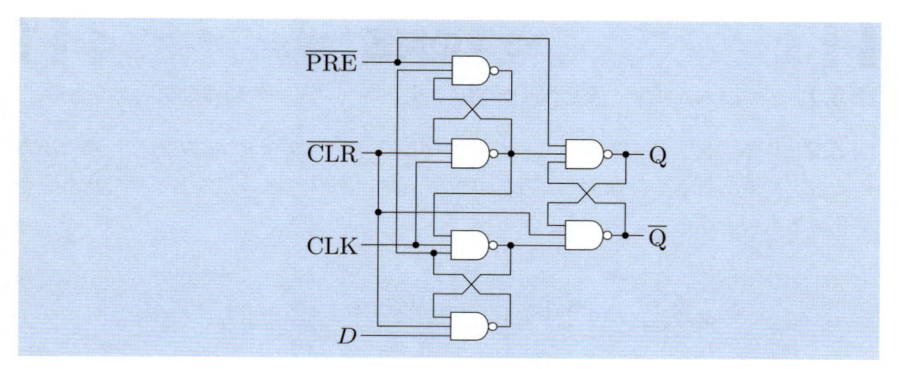

図 5.15　TI 74LS74 の回路

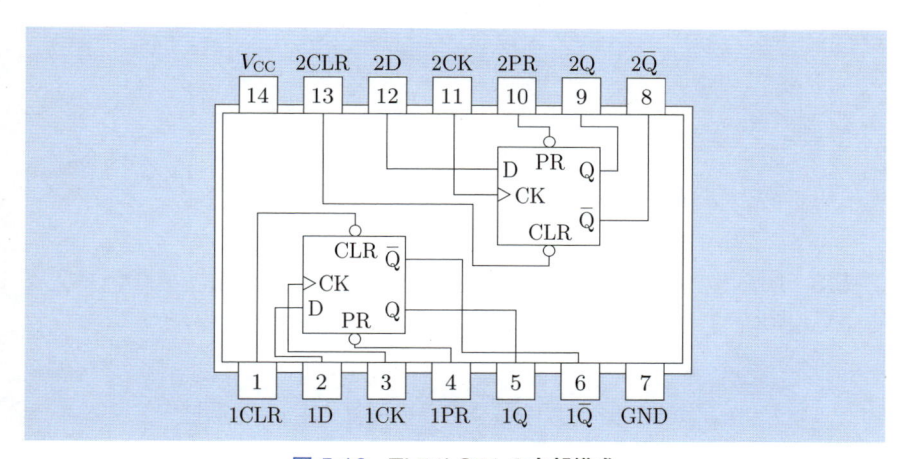

図 5.16　TI 74LS74 の内部構成

　74LS74 は実際には図 5.16 のように1つのパッケージの中に2つの D-FF が入っている．各々図 5.15 の端子が1番ピンから6番ピン，および8番ピンから 13 番ピンに配置されている．なお，7番ピンは GND，14 番ピンは電源であり，14 ピン構成の TTL はほぼ同一の仕様となっている．

5章の問題

☐ **5.1** 2つの NAND で構成された SR フリップフロップの動作を説明しなさい．

☐ **5.2** 以下の入力波形とクロック波形を同期フリップフロップに入力した際の出力波形を記載しなさい．なお，フリップフロップはクロックの立ち上がりで状態を変化するものとする．

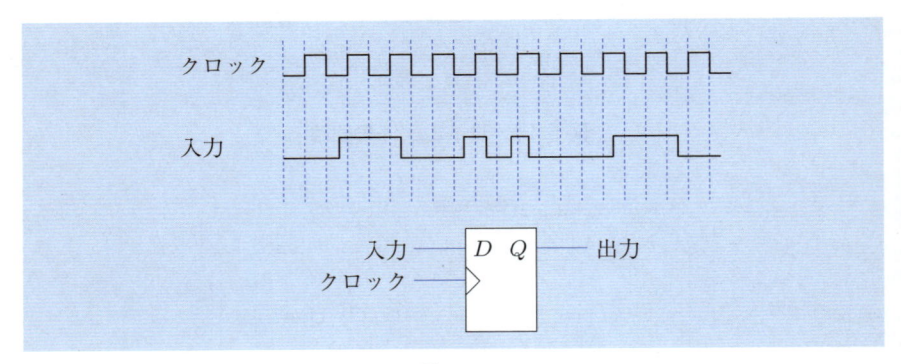

図 5.17

☐ **5.3** 以下の入力波形とクロック波形を T-FF に入力した際の出力波形を記載しなさい．なお，T-FF はクロックの立ち上がりで状態を変化するものとする．

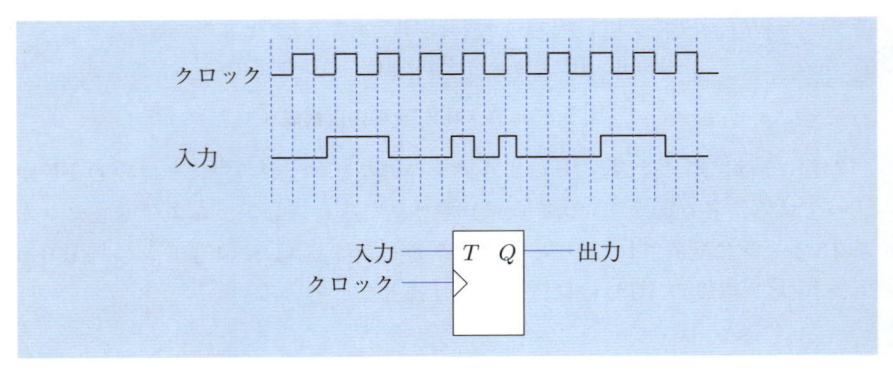

図 5.18

第6章

順序回路

　本章では入力と過去の内部回路の状態とを考慮して出力を決定する順序回路について学ぶ．特に計数回路であるカウンタ，情報を記憶し取り出すことのできるレジスタの回路構成について学ぶ．

> **6章で学ぶ概念・キーワード**
> - 順序回路
> - カウンタ
> - リセット

6.1 順序回路の基本

順序回路 (Sequence Circuit) は図 6.1 のような**組み合わせ回路**と**記憶回路**で構成された回路である．順序回路は組み合わせ回路のように入力に対して出力が決定されず，記憶されている前の状態の情報と入力とを合わせることで出力が決まる回路である．

記憶回路として基本的なものはフリップフロップであり，組み合わせ回路の出力の状態を 0 または 1 として記憶する．この状態が次の入力に反映され，出力の状態が決まる．

順序回路には非同期型と同期型がある．非同期型の回路は入力が変化すると回路が動作し，出力にすぐに反映されるが，同期型は入力が変化してもクロックが入力されないと回路が動作せず，出力の状態も変化しない．

代表的な順序回路の例としてカウンタがある．カウンタは数を数える回路であるが，数を数えるためには現時点で幾つまで数えたかを記憶している必要がある．組み合わせ回路では幾つまで数えたかは記憶できないが，記憶回路を加えることで計数の記憶が可能となる．また計数の記憶状態によって出力結果も変わるため，カウンタは過去の状態の情報を考慮して出力が決定される回路であると言える．

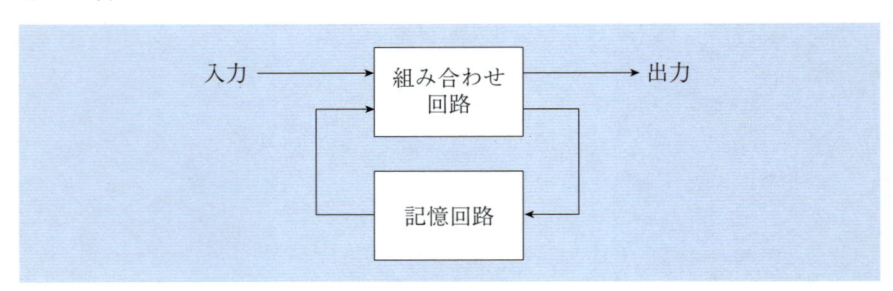

図 6.1　順序回路の構成

6.2 カウンタ回路

カウンタ (Counter) とは図 6.2 のように入力された信号の数を数える回路である．カウンタには図 6.3 のように値を 1 ずつ増やす，または減らす回路が存在し，$0 \to 1 \to 2 \to 3 \cdots$ と前の値を元に数を増減させるため，前の値を保持しているという意味で一種の記憶装置とも言える．図 6.3 (a) のように値を 1 ずつ増やすカウンタを**アップカウンタ**，図 6.3 (b) のように 1 ずつ減らす回路を**ダウンカウンタ**と呼ぶ．カウンタの基本的な構成は図 6.4 のように複数のフリップフロップで構成される．入力された信号は最初のフリップフロップの出力を 1 または 0 のどちらかに状態を変化させる．変化した出力は次のフリップフロップに入力され，そのフリップフロップの出力の状態を変化させる．この動作が全てのフリップフロップで繰り返されることで計数が行われる．計数できる数

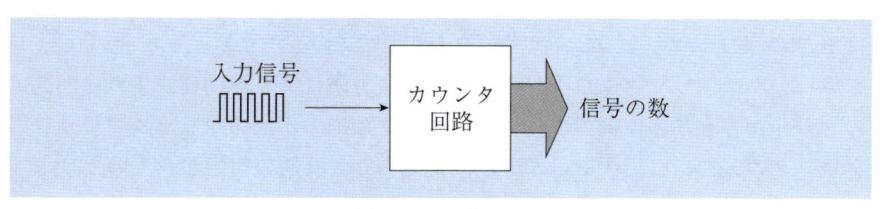

図 6.2 カウンタ

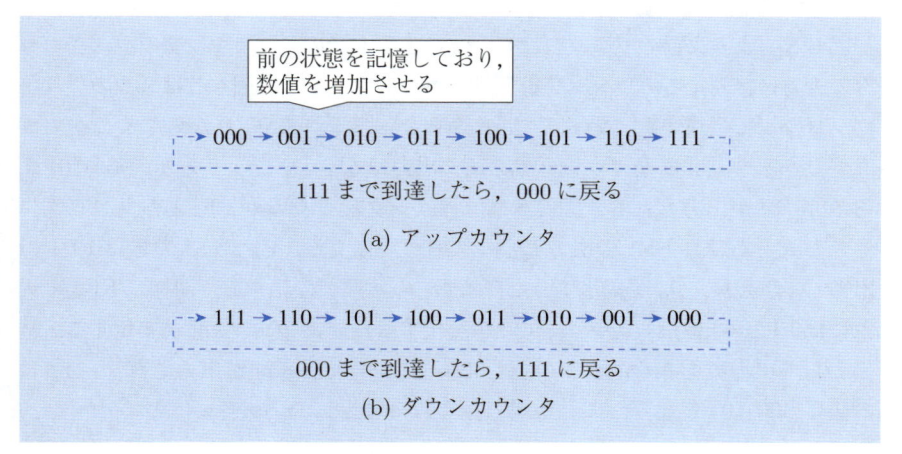

図 6.3 カウンタの例

```
入力 [CLK] ─→ FF ─•── $C_1$
              │
              └─→ FF ─•── $C_2$
                  │
                  ⋮
                  └─→ FF ─── $C_n$
```

信号を入れるたびに FF が変化し，出力値が増減する

出力値

カウンタ回路は複数のフリップフロップ (FF) から構成される

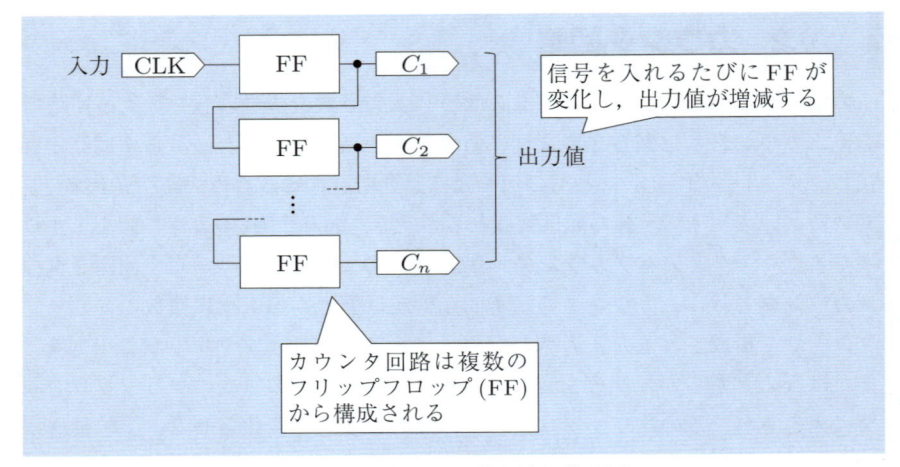

図 6.4　カウンタの基本的な構成例

は n 個のフリップフロップの場合，0 から $2^n - 1$ までとなる．

　カウンタはフリップフロップの信号の接続方法により非同期式または同期式の 2 種類が存在する．前のフリップフロップの出力が次のフリップフロップのクロックの入力に接続するのが非同期式であり，共通の信号が全てのフリップフロップのクロックの入力に接続するのが同期式である．

6.2.1　非同期 2^n 進カウンタ

図 6.5 のように前のフリップフロップの出力が次のフリップフロップのクロックの入力に接続するカウンタを**非同期式カウンタ**と言う．図 6.5 は 3 つのフリップフロップで構成されているので，0 から $2^3 - 1$，つまり，0 から 7 までがカウントできる 8 進非同期カウンタである．出力は Q_0 から Q_2 であり，$000_2(0)$ から $111_2(7)$ が出力される．図 6.6 はタイミング例となるが，FF1 のクロックに信号が入るたびに FF1 の出力 Q_0 の状態が変化する．FF2 の入力には FF1 の出力 $\overline{Q_0}$ が入り，$\overline{Q_0}$ が変化するたびに Q_1 の状態が変化する．同様に FF3 の入力には FF1 の出力 $\overline{Q_1}$ が入り，$\overline{Q_1}$ が変化するたびに Q_2 の状態が変化する．結果として出力である Q_0 から Q_2 は $000_2(0)$ から $111_2(7)$ が出力され，$111_2(7)$ の後は $000_2(0)$ となり，これが繰り返されることになる．

　なおフリップフロップの出力状態が変化するまで若干の遅れ（伝搬遅延時間）

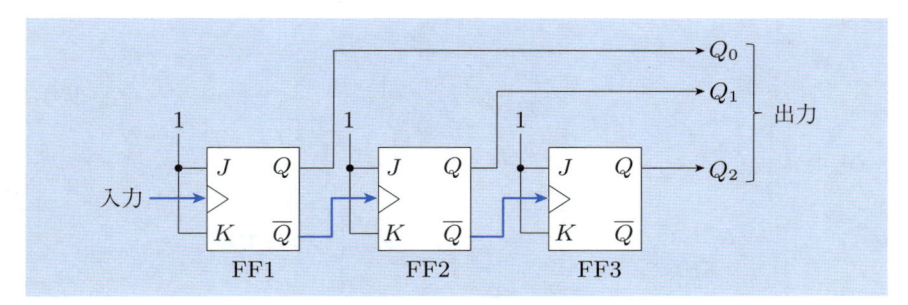

図 6.5　3 ビット非同期式カウンタ例

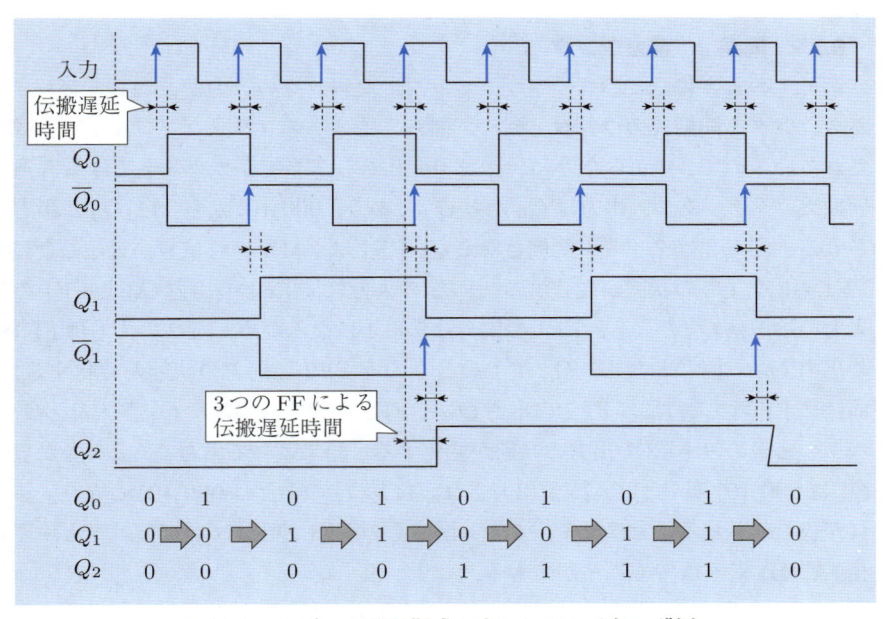

図 6.6　3 ビット非同期式カウンタのタイミング例

が存在する．この伝搬遅延時間はフリップフロップの数だけ加算されるため，多くの素子が非同期式回路で構成された場合，伝搬遅延時間は積算され，大きなものとなる．

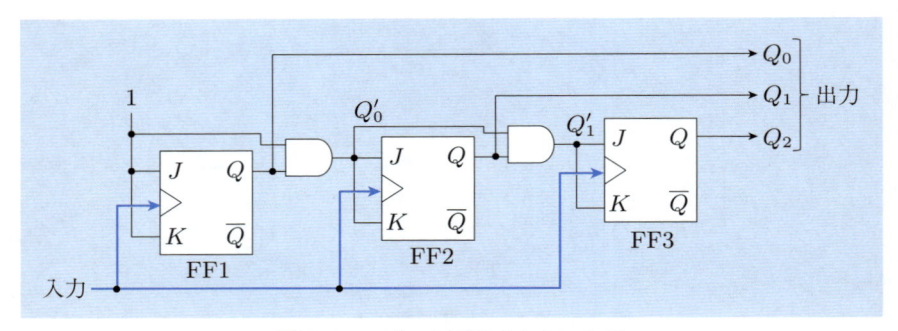

図 6.7　3 ビット同期式カウンタ例

6.2.2　同期 2^n 進カウンタ

図 6.7 のように全てのフリップフロップのクロックの入力が共通して接続するカウンタを**同期式カウンタ**と言う．図 6.7 は 3 つのフリップフロップで構成されているので，0 から $2^3 - 1$，つまり，0 から 7 までがカウントできる 8 進同期カウンタである．出力は Q_0 から Q_2 であり，$000_2(0)$ から $111_2(7)$ が出力される．図 6.8 はタイミング例となるが，FF1 はクロックに信号が入るたびに FF1 の出力 Q_0 の状態が変化する．FF2 の入力には FF1 の出力 Q_0 と FF1 の入力の論理積 Q'_0 が入る．FF1 の入力は常に 1 になるため，FF2 の入力は FF1 の出力 Q_0 と同じとなる．Q'_0 が 1 のときのみ FF2 の出力の状態が変化する．同様に FF3 の入力には FF2 の出力 Q_1 と FF2 の入力の論理積 Q'_1 が入る．Q'_1 が 1 のときのみ FF3 の出力の状態が変化する．結果として出力である Q_0 から Q_2 は $000_2(0)$ から $111_2(7)$ が出力され，$111_2(7)$ のあとは $000_2(0)$ となり，これが繰り返されることになる．なお，図 6.7 の FF1 の出力 Q_0 に接続する論理積 (AND) 素子は省くことができる．

同期式カウンタの特徴は全てのフリップフロップは同じクロックで動作する点であり，そのためフリップフロップの出力は一定の伝搬遅延時間のみである．よって，多くの素子で同期式回路を構成しても，常に一定の伝搬遅延時間のみとなる．

6.2.3　同期 N 進カウンタ

0 から $N-1$ まで計数するカウンタを **N 進カウンタ**と言う．N 進カウンタは 2^n 進カウンタで構成し，$N-1$ まで計数した後に 0 に戻すか，$2^n - 1 - N$

6.2 カウンタ回路

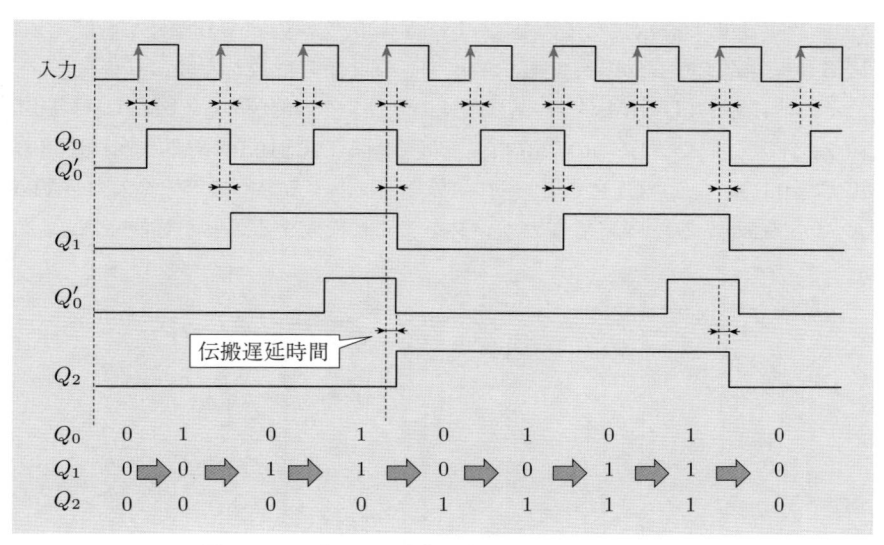

図 6.8　3 ビット同期式カウンタのタイミング例

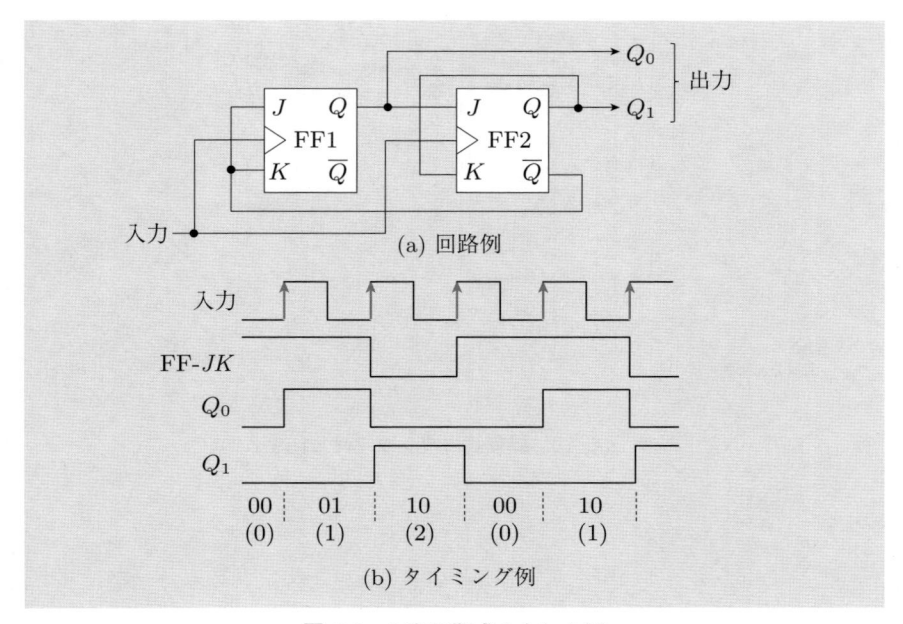

図 6.9　3 進同期式カウンタ例

から $2^n - 1$ まで計数した後に $2^n - 1 - N$ に戻すかのどちらかにすればよい．図 6.9 は 3 進カウンタの例であり，$0 \to 1 \to 2$ まで計数した後に 0 に戻る．

その他にも TTL の 74 シリーズは多くのカウンタの例がある．図 6.10 は TTL の 74 シリーズにおけるカウンタの代表例である 74LS163 である．74LS163 は出力を 0 に戻す入力 CLR や $2^n - 1 - N$ をセットするためのデータ入力 DATA A〜D などがあるため，N 進カウンタをすぐに構成することが可能である．

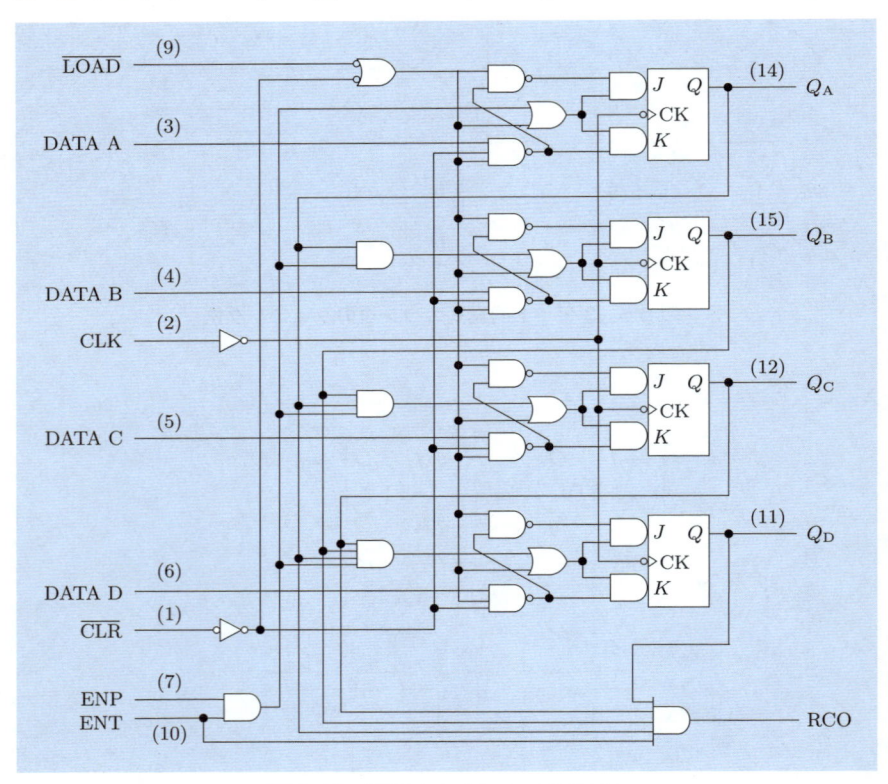

図 6.10　同期式カウンタ 74LS163

6.3 シフトレジスタ

6.3.1 レジスタ

レジスタ (register) とは一時記憶の回路で，基本的には図 6.11 のようにフリップフロップで構成される．ただし通常のフリップフロップを使うとクロックに入力があるたびにデータが更新されるため，図 6.12 のように Enable 入力が付いたフリップフロップなどが使われる．この場合 Enable 入力が 1 のときのみ CLK がフリップフロップに入力されるため，レジスタは必要に応じて情報を記憶し，必要に応じて情報を取り出すことができる．

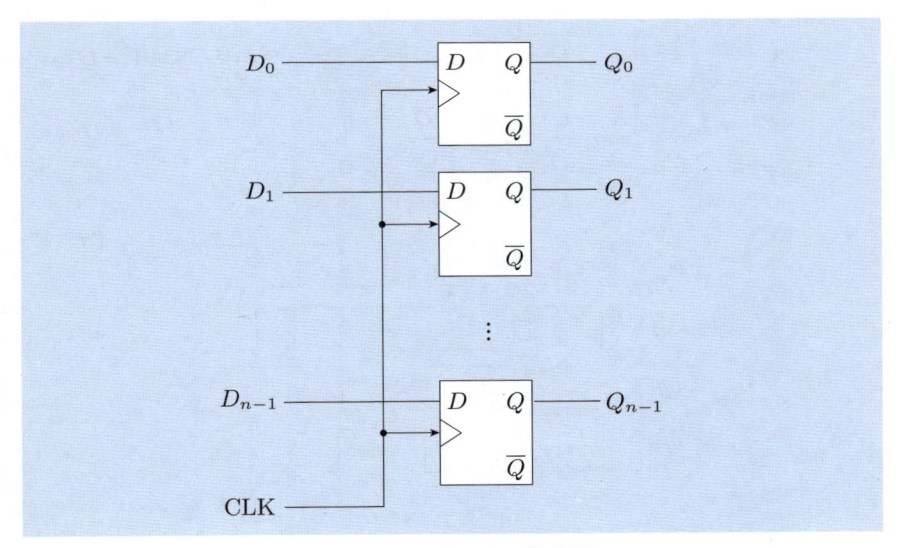

図 6.11 レジスタの構成例

6.3.2 シフトレジスタ

記憶した情報を順に隣のフリップフロップに移動させることができるものをシフトレジスタ (shift register) と言う．図 6.13 (a) はシフトレジスタの基本構成例である．シフトレジスタはクロックに入力がある都度，図 6.13 (b) のようにフリップフロップの情報が隣のフリップフロップに移動していることが分かる．

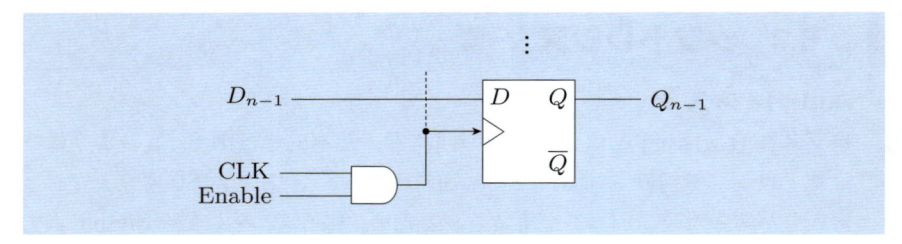

図 6.12　Enable 入力付きレジスタの構成例

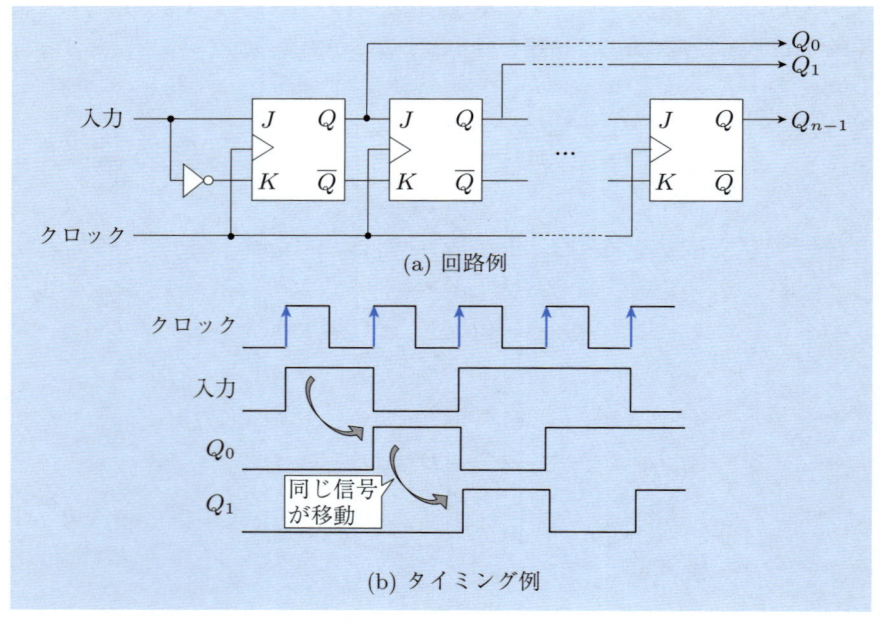

(a) 回路例

(b) タイミング例

図 6.13　シフトレジスタ例

6.3.3　リングカウンタ

n ビットのシフトレジスタにおいて特定のフリップフロップに 1 を保持させ，他のフリップフロップは 0 とし，保持した 1 の情報をクロックの入力と共に隣のフリップフロップに移動させる回路を**リングカウンタ** (ring counter) と言う．つまり 1 の情報が $Q_0 \to Q_1 \to Q_2 \to \cdots Q_{n-1} \to Q_0$ と巡回する．図 6.14 に 3 ビットリングカウンタの回路例とタイミング例を示す．図 6.14 は 1 ビットの自己補正型リングカウンタと言い，どのような状態からでも最終的にリングカ

ウンタ内に 1 が 1 つしかない状態になることから付けられている．

その他にクロック毎に各ビットに 1 の情報が増え，全ての出力が 1 になった時，逆に 1 の情報が減るジョンソンカウンタがある．

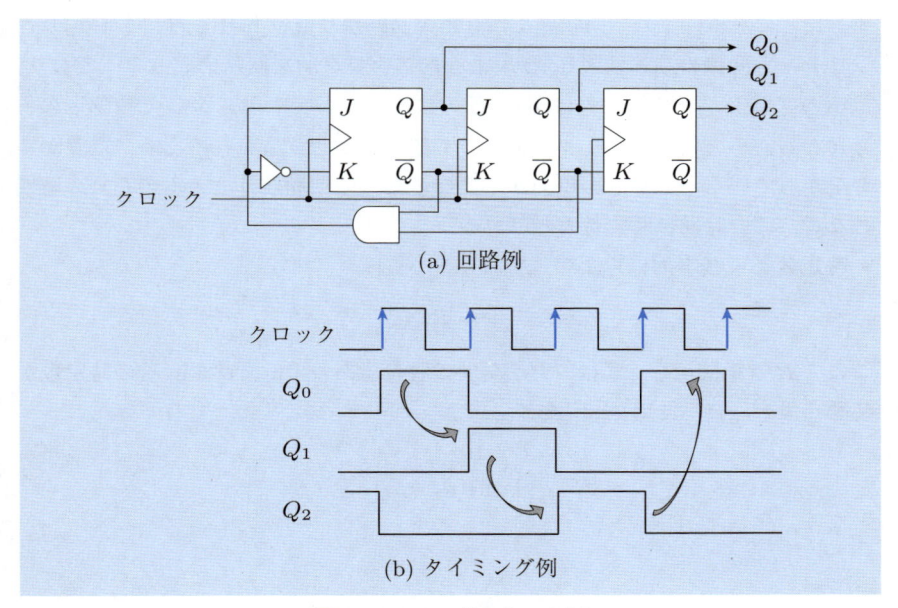

(a) 回路例

(b) タイミング例

図 6.14 **リングカウンタ例**

6.4 リセット回路

順序回路は基本的に初期状態が最初に存在し，初期状態から順次状態が変化することになる．この初期状態を作り出す回路が**リセット** (Reset) 回路である．

リセット回路の基本は図 6.15 のようにアナログ的な回路構成となっており，電源の立ち上がり時の信号は図 6.15 のようにコンデンサによって積分形の信号となる．その信号はバッファによって遅れて 1 と認識されるため，電源が立ち上がってからバッファの出力が 1 になるまでの期間がリセットのための時間となる．この時間は時定数と呼ばれる．

時定数 τ は基本的に以下の式で表す．

$$\tau = R \cdot C$$

ここで R は抵抗値を，C はコンデンサの容量である．例えば 1 m 秒の時定数が必要な場合，$R = 1\,\mathrm{k\Omega}$ とすると，

$$C = \frac{\tau}{R} = \frac{1 \times 10^{-3}}{1 \times 10^3} = 1 \times 10^{-6} \quad [\mathrm{F}]$$

となり，$C = 1\,\mu\mathrm{F}$ となる．

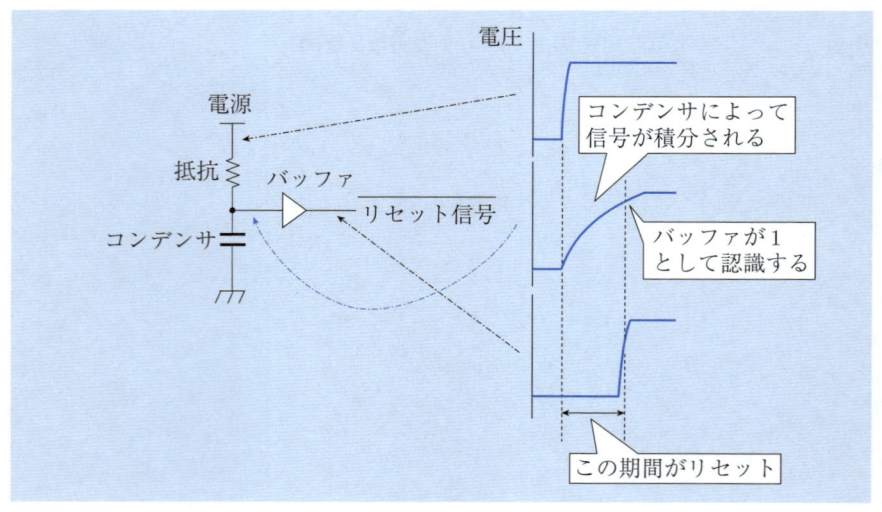

図 6.15 リセット信号生成回路例

6章の問題

- **6.1** D-FF で 3 ビット非同期カウンタおよび同期式カウンタを構成しなさい．

- **6.2** D-FF で 3 ビットシフトレジスタを構成しなさい．

- **6.3** 下図の回路において，コンデンサの容量を $4.7\,\mu\mathrm{F}$ とした場合，$10\,\mathrm{m}$ 秒の時定数を得るには抵抗の値を幾つにすればよいか．

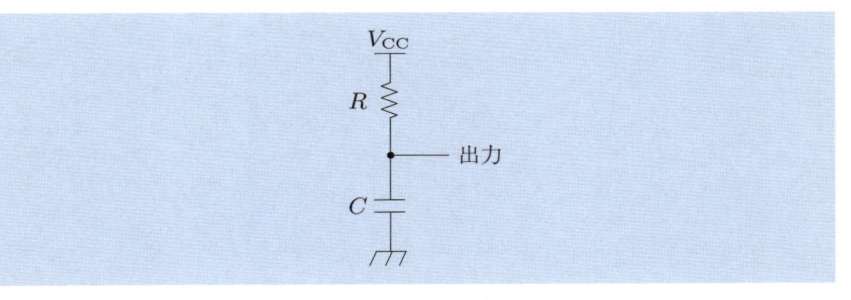

図 6.16

第7章

ステートマシン

　本章ではディジタル電子回路の動きを制御するステートマシンについて学ぶ．特に，複数の状態が存在するディジタル電子回路において，その状態の移動（遷移）をディジタル電子回路で制御することができることを学ぶ．

7章で学ぶ概念・キーワード
- ステートマシン
- 状態遷移図
- デッドロック

7.1 ステートマシンの基本

ステートマシン (State Machine) におけるステートとは**状態**を意味し，複数の状態が存在するとき，ある状態から移動（遷移）して異なる状態にするものがステートマシンとなる．図 7.1 は RS-フリップフロップ (FF) であるが，この RS-FF は $Q=1$ と $Q=0$ の 2 つの状態が存在する．ここで Set $=1$ にすると，Q は必ず 1 の状態になる．また Reset $=1$ にすると，Q は必ず 0 の状態になる．Set $=0$ および Reset $=0$ の場合，Q は前の状態を保持し続ける．このようにステートマシンはある条件が満たされると，現時点の状態から異なる状態に変化する回路である．この条件には入力のみならず現在の状態も含まれている．

S	R	Q
0	0	保持
0	1	0
1	0	1
1	1	（禁止）

Reset $=1$ にすると $Q=0$ となる

Set $=1$ にすると $Q=1$ となる

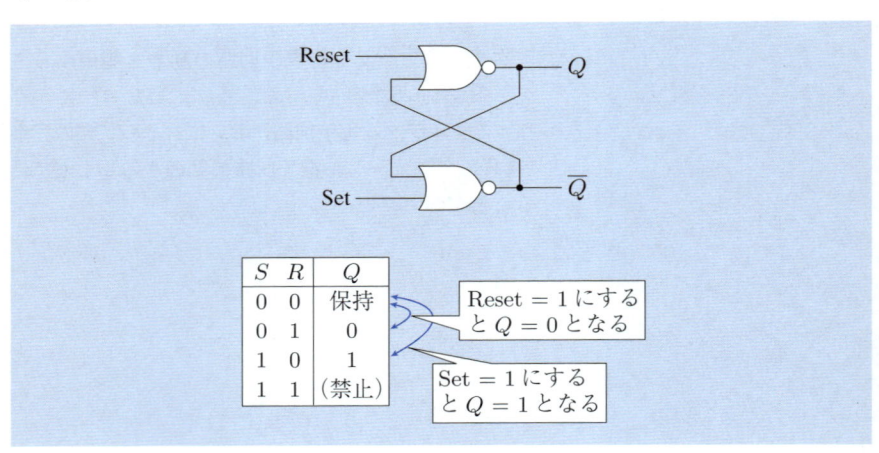

図 7.1　RS-フリップフロップ

7.2 状態遷移図

ステートマシンの状態の変化を分かりやすく図にしたものが**状態遷移図** (state transition diagram) である．状態遷移図には現在の状態から遷移できる状態と遷移するための条件が示されている．

図 7.2 は RS-FF における状態遷移図である．状態は円で示され，遷移するための条件は矢印線で示される．例えば図 7.2 は Q が 0 と 1 の 2 つの状態が存在している．ここで $Q = 1$ の状態を考える．$Q = 1$ の状態を保持し続ける時，図 7.2 より Reset $= 0$, Set $= 0$ を入力すればよいことが分かる．また $Q = 0$ の状態に移動するには Reset $= 1$ とすればよいことが分かる．Reset $= 1$ によって Q の状態が 1 から 0 に移動した後，$Q = 0$ を保持し続けるには先と同様に Reset $= 0$, Set $= 0$ を入力すればよい．そして $Q = 0$ の状態から $Q = 1$ の状態に移動するには Set $= 1$ とすればよいことが分かる．

以上のように状態遷移図は複数の状態と，状態間の移動の条件について記述される．

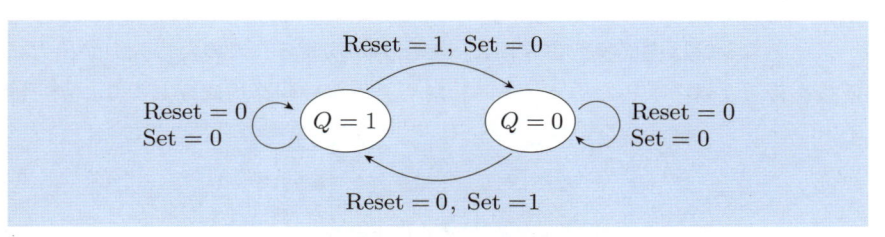

図 7.2　**RS-FF における状態遷移図例**

7.3 ステートマシンのモデル

ステートマシンには基本的に 2 つのモデルが存在する．1 つは図 7.3 (a) に示す**ミーリマシン** (Mealy Machine) であり，もう 1 つは図 7.3 (b) に示す**ムーアマシン** (Moore Machine) である．何れのモデルも順序回路が存在し，この順序回路によって内部状態が記憶される．

ミーリマシンは入力と内部状態によって出力を決めることができる．このため内部状態を変化させることなく出力を決めることが可能であり，状態数が少なくて済む．ミーリマシンは以下の式で表すことができる．

$$L(t) = f(x(t), s(t))$$
$$s(t+1) = w(x(t), s(t))$$

ここで $f()$ は出力を決める関数であり，$w()$ は内部状態を決める関数である．また入力は x，出力は L であり，内部状態は s である．なおミーリマシンは入力によって出力が影響されるため，**ハザード** (hazard) と呼ばれるノイズが出力に乗る可能性がある．

ムーアマシンは内部状態のみによって出力が決まる．このため入力が出力に直接影響を及ぼさないため，ノイズに対しても強い回路構成をとることが可能

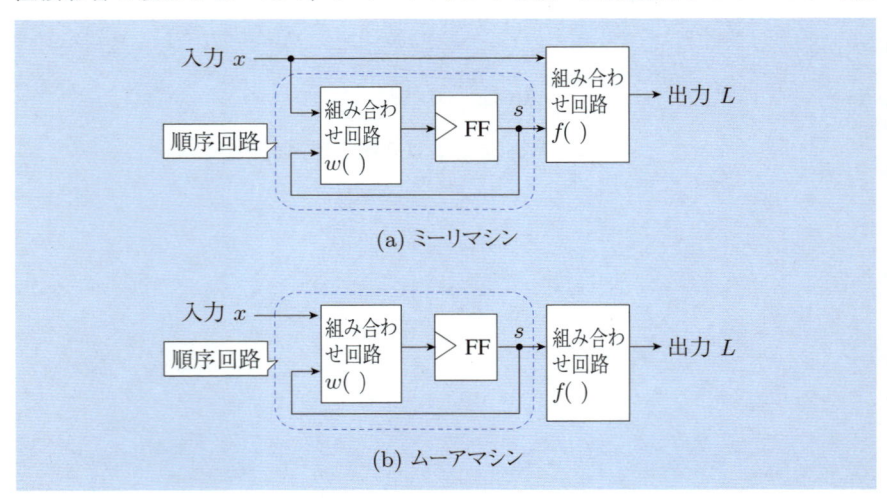

(a) ミーリマシン

(b) ムーアマシン

図 7.3 ステートマシンのモデル

である．しかしながら出力を変化させるには内部状態の変化が必要であり，そのために入力に対して出力は遅延が発生する．またムーアマシンの内部状態の数はミーリマシンの内部状態の数と比較して多くなる．ムーアマシンは以下の式で表すことができる．

$$L(t) = f(s(t))$$
$$s(t+1) = w(x(t), s(t))$$

　回路として安定的な動作を望むのであれば，ムーアマシンを選択するのが望ましい．

　なお状態遷移図と 2 つのモデルの関係であるが，ミーリマシンは図 7.4 (a) に示すように状態の変化を示す矢印線に条件と出力が示され，ムーアマシンは図 7.4 (b) に示すように出力が状態部分に示される．

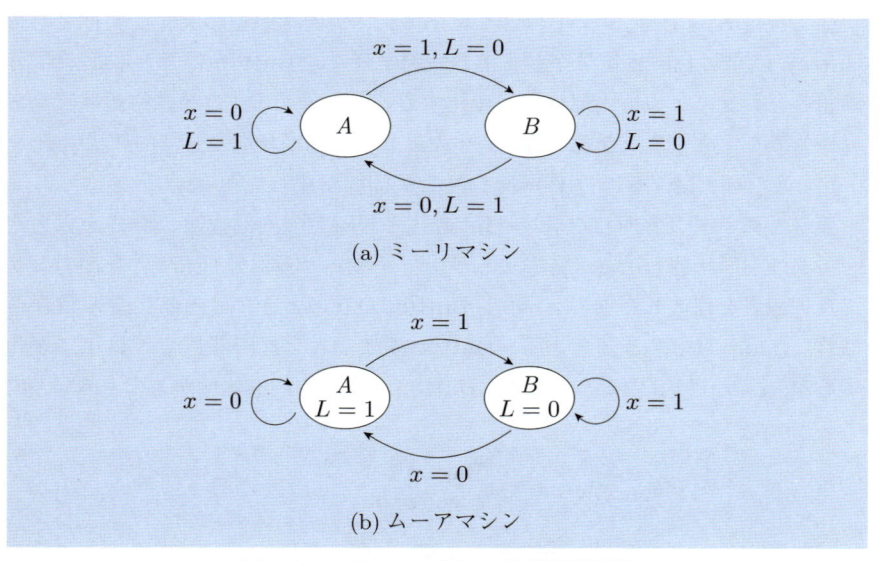

(a) ミーリマシン

(b) ムーアマシン

図 7.4　ステートマシンと状態遷移図例

7.4 状態遷移図を用いたディジタル電子回路の設計例

ここで状態遷移図を用いたディジタル電子回路の設計例を示す．設計する回路はボタンを 2 回押したとき，ある一定時間ランプが光る回路である．ここで必要な信号はボタンを押した信号 (Button)，内部状態を示す信号 (S)，およびランプを光らせる信号 (Lamp) の 3 種となる．

ボタンが 2 回押されればランプが点灯するようにするため，内部状態 S が 0 のときにボタンが 1 回押されれば内部状態 S を 1 に移動させ，それ以外は内部状態 $S=0$ を保持する．また内部状態 S が 1 のときにボタンが 1 回押されれば Lamp を 1 にして，かつ内部状態 S を 0 に移動させる．それ以外は内部状態 $S=1$ を保持する．これらを状態遷移図に表すと図 7.5 のようになる．内部状態の数は $S=0$ と $S=1$ の 2 つであり，2 つの状態を移動する条件として Button 信号と Lamp 信号が存在する．図 7.5 より Button 信号と Lamp 信号の組み合わせによって内部状態が変化することが分かる．この状態遷移図から真理値表を作成する．なお電源が入ったときには初期状態として内部状態 S を 0 とするため，図 7.5 には Power ON と矢印線が記してある．

表 7.1 にボタンを押した信号 (Button) と現時点の内部状態 ($S(t)$) を入力とし，次の内部状態 ($S(t+1)$) およびランプを光らせる信号 (Lamp) を出力として真理値表を作成したものを示す．Button が 0 のときには内部状態 S は保持され，Lamp は 0 のままである．Button が 1 のときに内部状態 S は 1 に変化するが，Lamp は 0 のままである．Button が 1 で，内部状態が 1 のときに，内

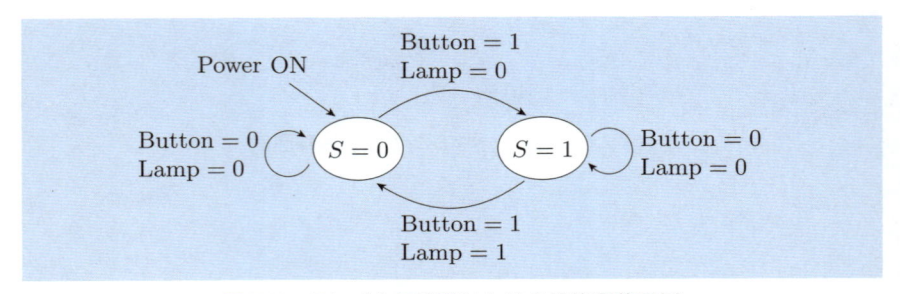

図 7.5 ランプ点灯機器における状態遷移図例

7.4 状態遷移図を用いたディジタル電子回路の設計例

表 7.1 ランプ点灯機器における真理値表例

Button	$S(t)$	$S(t+1)$	Lamp
0	0	0	0
0	1	1	0
1	0	1	0
1	1	0	1

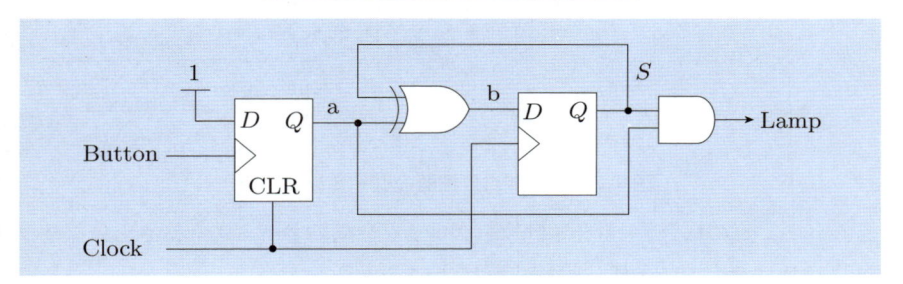

図 7.6 ランプ点灯機器の回路例

部状態 S は 0 に変化し，Lamp も 1 に変化する．この真理値表を式にすると以下のように表される．

$$S(t+1) = \overline{\text{Button}} \cdot S(t) + \text{Button} \cdot \overline{S(t)}$$

$$\text{Lamp} = \text{Button} \cdot S(t)$$

ここでボタンを押した時の信号の間隔は非常に短いものとし，クロックと同期をとる必要性も考慮する．よってボタンを押したときの信号を D-FF の CLK に入力することで必要な間隔の信号を生成させる．なおこの信号はクロックの立ち上がりの度に D-FF をリセットさせるようにすることで次のボタンを押したときに備えるものとする[1]．以上より論理回路は図 7.6 のように構成することができる．なおこの回路構成はミーリマシンである．

図 7.7 は図 7.6 の回路図から入力に対する各信号のタイミングをシミュレートしたものである．図 7.7 よりボタンを 2 回押したときのみ Lamp 信号がある時間だけ 1 となり，Lamp を点灯させることが分かる．Button 信号は非同期であるため，クロックに対して余裕がある場合もあれば，余裕がない場合も考

---

[1] 具体的には TTL の 7474 を用いれば実現が可能である．

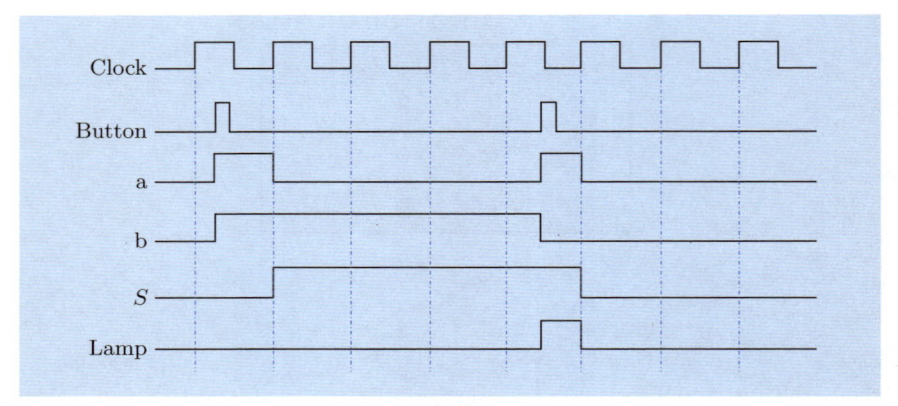

図 7.7　ランプ点灯機器のタイミング図例

えられる．この場合，Button 信号をクロックに同期させるようにさらにフリップフロップを入力に多段に接続すればよい．

　以上のように状態遷移図を考え，その後，真理値表，論理式，回路構成を考えればよいことが分かる．

7.5 デッドロックの回避 (WDT)

複数のシステムがあるときに，お互いに相手の状態を見て次の状態に移るような場合，相手の状態が変わらないために自分も相手の次の状態に移れず，お互いに状態が固定化し，停止してしまう現象を**デッドロック** (dead-lock) という．図 7.8 はデッドロックの例である．X のシステムは Y のシステムの状態が 11 から異なる状態に変化した場合に次の状態に移るものとし，Y のシステムは同様に X のシステムの状態が 11 から異なる状態に変化した場合に次の状態に移るものとする．もし X および Y が共に 11 の状態となった場合，お互いに現在の状態から変化しないため自分の状態を変化させることができず，お互いに同じの状態のまま停止することになる．この状況は外部より刺激を与えない限り解消することができない．

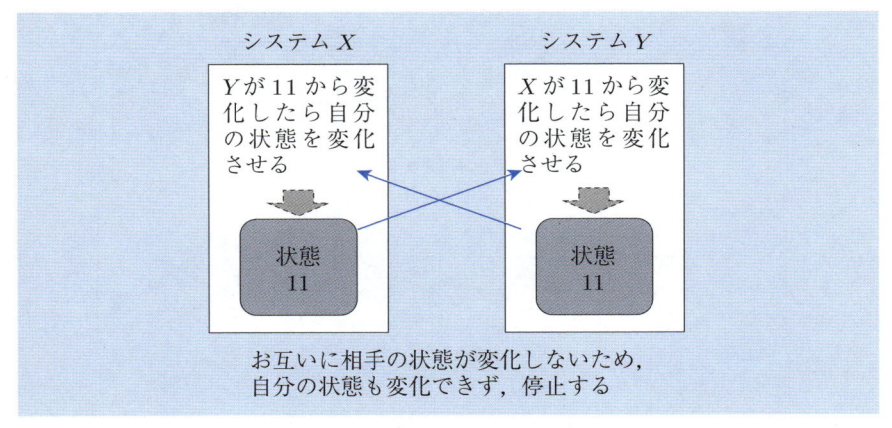

図 7.8 デッドロックの状態例

デッドロックの解消方法として有効的なのが **WDT** (Watch Dog Timer) である．WDT は内部にカウンタを持ち，ある一定時間を経過すると出力を変化させる回路である．出力を変化させたくなければ一定時間内に WDT 内のカウンタをリセットすればよい．図 7.9 は WDT を用いたデッドロックの回避策例である．システム X はある一定時間ごとに WDT 内のカウンタをリセットさせる．もしデッドロック状態になった場合には，システム X は WDT 内のカウンタをリセットさせることができないため，ある一定時間経過後に WDT の

出力が変化する．この出力をシステム X の状態のリセットの信号とすれば，強制的にシステム X の内部状態を変化させることができる．結果としてシステム X の状態を変化させることで，相手側のシステム Y の状態も変化し，デッドロックは解消されることになる．図 7.10 に WDT の内部構成例を示す．内部にはカウンタがあり，入力としてカウンタをリセットする信号とクロック入力，出力としてカウンタがオーバーフローしたときに出力されるオーバーフロー信号などで構成される．

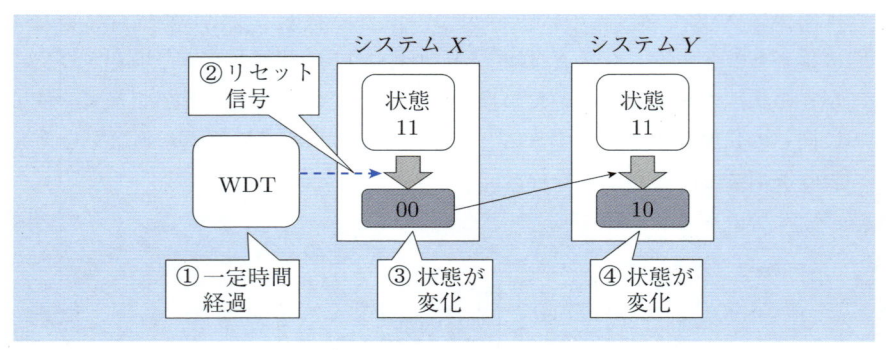

図 7.9　デッドロックの回避例

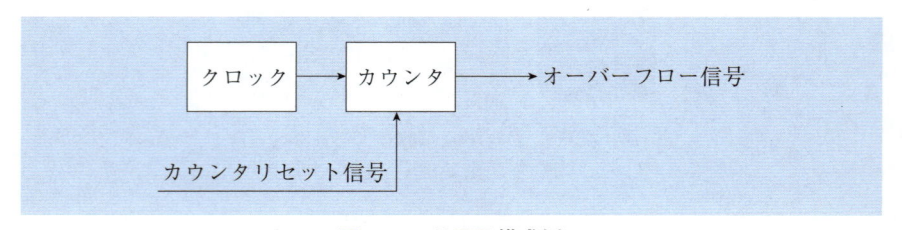

図 7.10　WDT 構成例

7章の問題

☐ **7.1** 飲み物の自動販売機を設計する．この販売機は飲み物の価格が 200 円で，使える硬貨は 100 円玉のみである．この自動販売機の状態遷移図を 0 円と 100 円の状態が記してある下図に表しなさい．

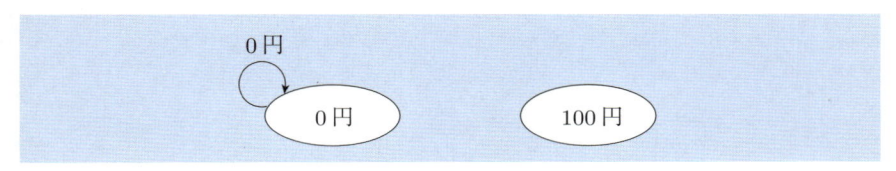

図 7.11

☐ **7.2** ストップウォッチの状態遷移図を表しなさい．なお，下図を参考にしなさい．

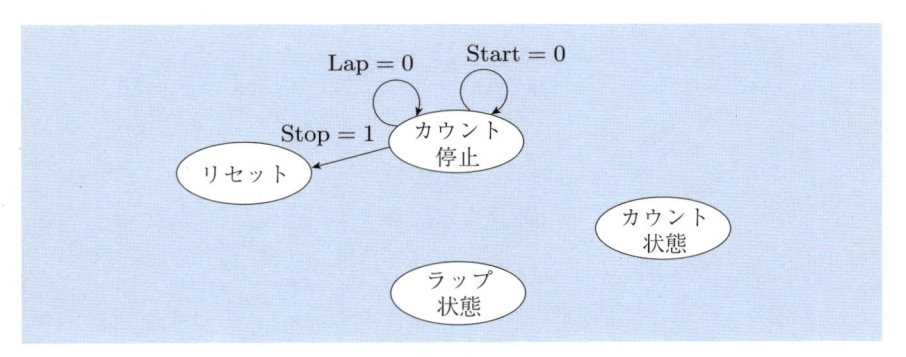

図 7.12

☐ **7.3** 下図のタイミングで出力信号がでる WDT の回路を設計しなさい．

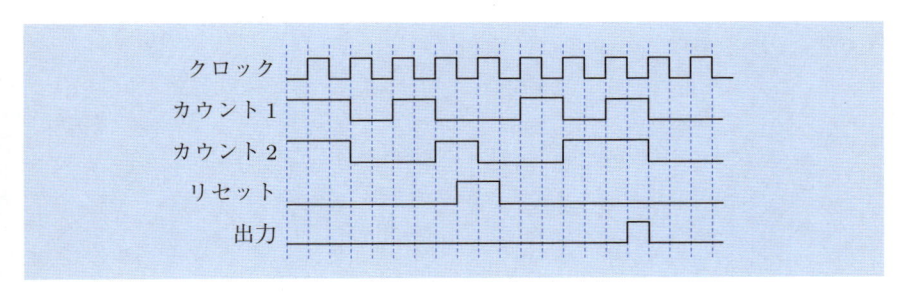

図 7.13

第8章

パルス回路

本章ではディジタル電子回路で用いられるパルス信号とパルス信号を用いた回路について学ぶ．特にパルス信号を回路に入れたときの応答やパルス信号を生成する回路について学ぶ．

> **8章で学ぶ概念・キーワード**
> - パルス信号
> - 微積分回路
> - マルチバイブレータ
> - ハザード
> - AD・DA 変換

第 8 章 パルス回路

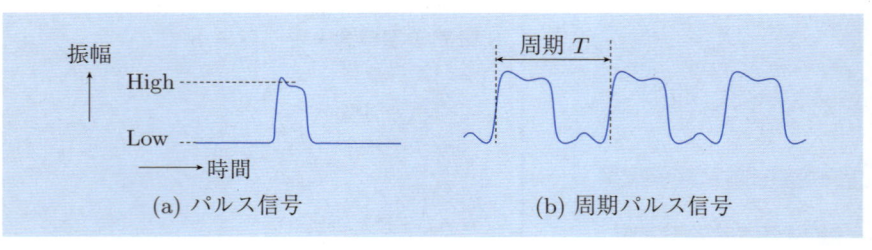

8.1 パルス信号

パルス信号 (pulse signal) は図 8.1 (a) のように振幅が最大 (High) または最小 (Low) の値をとり，非常に短い時間で急峻な変化をする信号である．特に図 8.1 (b) のように周期的で，ある一定の幅を持つパルス信号を**矩形波**または**方形波** (square wave) と呼び，ディジタル電子回路で一般的に使われる．

周期的なパルス信号は以下の式で表される．T をパルス信号の周期の時間とすると，式 (8.1) はある基本周波数 $(1/T)$ を 0 から n 倍した周波数を持つ sin 波および cos 波を重ね合わせた式である．

$$f(t) = \sum_{n=0}^{\infty} (A_n \cos n\omega t + B_n \sin n\omega t) \tag{8.1}$$

ただし，

$$\omega = 2\pi \frac{1}{T}$$

$$B_0 = \frac{1}{T} \cdot \int_{-T/2}^{T/2} f(t) dt$$

$$A_n = \frac{1}{T} \cdot \int_{-T/2}^{T/2} f(t) \sin n\omega t \, dt \quad (n = 0, 1, 2 \cdots)$$

$$B_n = \frac{1}{T} \cdot \int_{-T/2}^{T/2} f(t) \cos n\omega t \, dt \quad (n = 1, 2, \cdots)$$

となる．ここで B_0 は直流分である．また A_1 および B_1 は基本波成分であり，$n \geq 2$ の A_n および B_n を n 次高調波成分と言う．式 (8.1) よりパルス信号は低い周波数の信号から非常に高い周波数の信号までが重ね合わされていることが分かる．

図 8.1　パルス信号

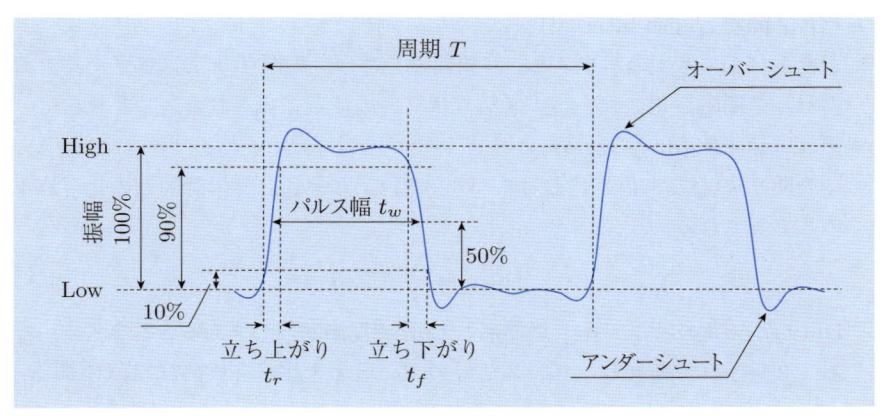

図 8.2 パルス波形の用語

図 8.2 にパルス信号を表現するための用語を示す．また各々の用語について以下に説明する．

- **パルス振幅** (pulse amplitude)

  パルス信号の最小値 (Low) または最大値 (High) が定常的な値となる部分で，パルス信号の大きさを表す（図 8.2 の振幅 100%の部分）．なおパルス信号の瞬間的な最小値と瞬間的な最大値までの大きさを瞬時振幅と言い，定常的な値を上回る部分を**オーバーシュート** (over shoot)，定常的な値を下回る部分を**アンダーシュート** (under shoot) と言う．オーバーシュート，アンダーシュート共に小さい方がパルス信号として望ましい．

- **パルス幅** (pulse width)

  パルス信号の振幅値の 50%を越えて 50%を下回るまでの時間をパルス幅 t_w と言う．このパルス幅は後述するデューティ比に関係がある．

- **立ち上がり時間** (pulse rise time)

  パルス信号の振幅値の 10%を越えて 90%に達するまでの時間を立ち上がり時間 t_r と言う．

- **立ち下がり時間** (pulse fall time)

  パルス信号の振幅値の 90%を下回り 10%に達するまでの時間を立ち下がり時間 t_f と言う．

- **パルス間隔** (pulse interval)

  あるパルスと次のパルスとの時間間隔を言う．周期 T との関係がある．このパルス間隔が短い程，パルス信号は高い周波数で表される．

- **デューティ比** (duty ratio)

  周期 T のパルス信号におけるパルス幅 t_w とそれ以外の時間との比．以下の式で表される．

$$\mathrm{Duty} = \frac{t_w}{T} \quad (\%)$$

Duty が 50%の場合，High の間隔と Low の間隔が同じであることを表す．なお，クロックで使われるパルス信号のデューティ比は一般的に 50%である．

ディジタル電子回路で用いられる理想的なパルス信号はオーバーシュート，アンダーシュートがなく，High および Low の振幅が一定であり，立ち上がり時間，立ち下がり時間がほぼ 0 である信号である．しかしながら，電子回路における信号の応答速度，負荷の状況により理想的なパルス信号は存在しない．特に回路の状態や構成によって立ち上がり時間，立ち下がり時間が変動するため，注意が必要である．

8.2 パルス信号と微積分回路

パルス信号をインピーダンスのある回路に入れた場合，回路の持つ周波数特性によってその応答は異なる．抵抗とコンデンサまたはコイルの組み合わせによって微分的な応答と積分的な応答が考えられる．

8.2.1 微分回路 (differentiating circuit)

パルス信号を図 8.3 のコンデンサと抵抗からなる回路に入力するとその出力は図 8.4 のようになる．この出力はパルス信号を微分したようになっているため，図 8.3 は微分回路と呼ばれる．

ここで回路に流れる電流 i は，

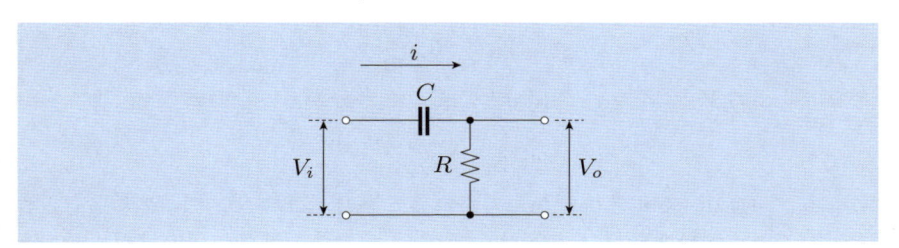

図 8.3 微分回路例

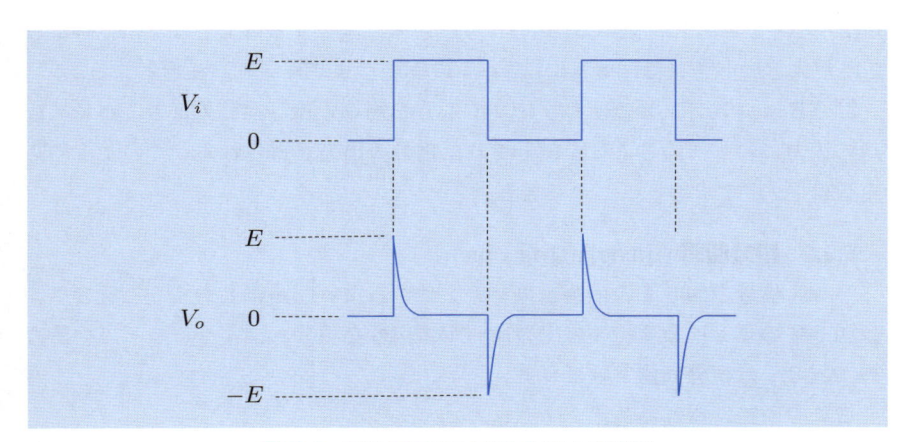

図 8.4 微分回路に対する入出力波形例

$$i = C\frac{d(V_i - V_o)}{dt}$$

となる．よってこの回路の入出力の関係は，

$$V_o = R \cdot i = RC\frac{d(V_i - V_o)}{dt}$$

よって，

$$V_o + RC \cdot \frac{dV_o}{dt} = RC\frac{dV_i}{dt}$$

ここで dV_o/dt が非常に小さく，

$$V_o \gg RC \cdot \frac{dV_o}{dt}$$

とするならば，

$$V_o = RC\frac{dV_i}{dt}$$

となり，出力 V_o は入力 V_i の微分となることが分かる．この式を解くと，

$$V_o = V_i e^{-\frac{1}{CR}t}$$

となる．つまり，パルス信号が入力されると出力 V_o は大きく V_i まで出力されるが，その後指数関数的に減少することになる．この減少の程度はコンデンサ C と抵抗 R で決まり，この CR を**時定数** (transient time) と呼ぶ．この時定数 CR が小さいときには図 8.5 (a) のように急激に減少する波形となるが，時定数 CR が大きいときには図 8.5 (b) のようにゆっくりと減少する波形となる．

図 8.6 はコンデンサの変わりにコイル L を用いた微分回路であり，パルス波形の入力に対し，同じような微分された信号の出力が得られる．このときの時定数は L/R で求めることができる．

8.2.2 **積分回路** (integrating circuit)

パルス信号を図 8.7 の抵抗とコンデンサからなる回路に入力するとその出力は図 8.8 のようになる．この出力はパルス信号を積分したようになっているため，図 8.7 は積分回路と呼ばれる．

ここで回路に流れる電流 i は

$$i = C\frac{dV_o}{dt}$$

である．またこの回路の入出力の関係は，

8.2 パルス信号と微積分回路

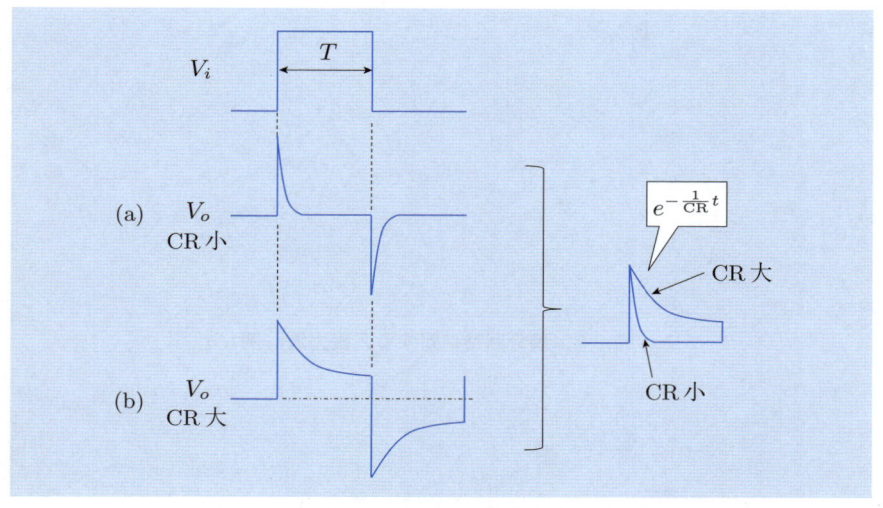

図 8.5 微分回路の CR の大きさと入出力波形例

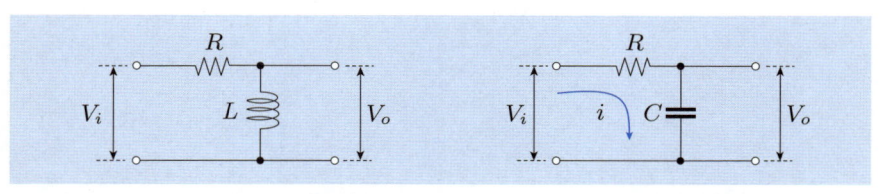

図 8.6 コイルと抵抗による微分回路例

図 8.7 積分回路例

$$V_o + R \cdot i = V_i$$

である．これらの式から以下の式が導き出される．

$$V_o + \frac{1}{RC}\int V_o dt = \frac{1}{RC}\int V_i dt$$

ここで左辺が右辺に比べ時間が非常に短い時間領域のとき，

$$\frac{1}{RC}V_o dt \approx 0$$

となるため，

$$V_o \approx \frac{1}{RC}V_i dt$$

となり，出力 V_o は入力 V_i の積分となることが分かる．この式を解くと，

$$V_o \approx V_i \left(1 - e^{-\frac{1}{RC}t}\right)$$

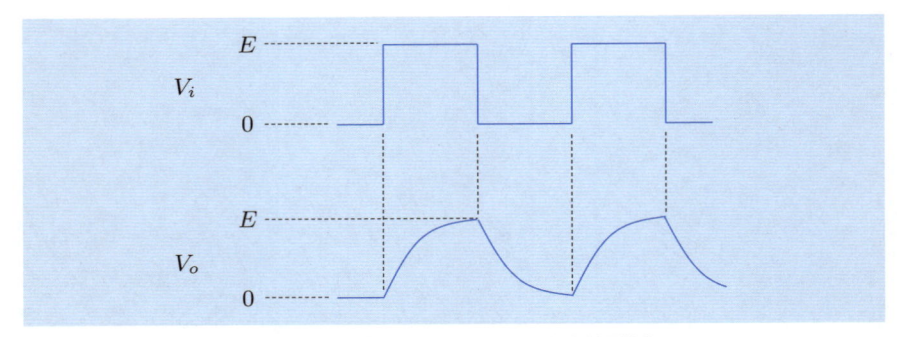

図 8.8　積分回路に対する入出力波形例

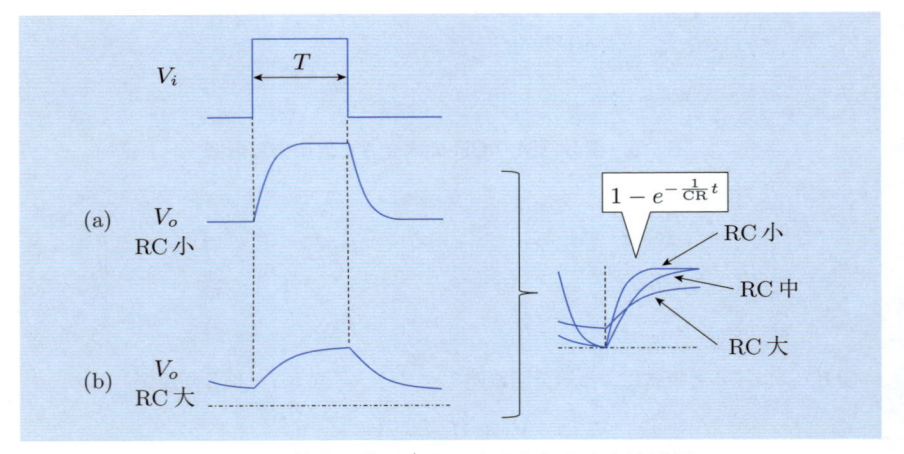

図 8.9　積分回路の RC の大きさと入出力波形例

となる．つまり，パルス信号が入力されると出力 V_o は最初は 0 であるが，徐々に指数関数的に出力の最大値に近づくことになる．この増加の程度は抵抗 R とコンデンサ C で決まり，微分回路と同様にこの RC を時定数と呼ぶ．この時定数 RC が小さいときには図 8.9 (a) のように急激に増加し，すぐに出力の最大値に到達するが，時定数 RC が大きいときには図 8.9 (b) のようにゆっくりと増加する波形となる．

図 8.10 はコンデンサのかわりにコイル L を用いた積分回路であり，パルス波形の入力に対し同じような積分された信号の出力が得られる．このときの時定数は L/R で求めることができる．

8.2 パルス信号と微積分回路

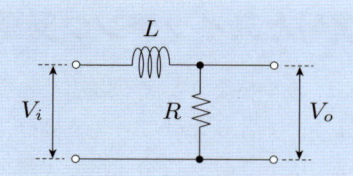

図 8.10 コイルと抵抗による積分回路例

■ 例題 8.1 ■
図 8.10 の時定数が L/R であることを説明しなさい．

【解答】 回路に流れる電流 i は

$$i = \frac{1}{L}\frac{dV_o}{dt}$$

となる．またこの回路の入出力の関係は

$$V_i = V_o + R \cdot i$$

となる．よって以下の式が導き出される．

$$\frac{L}{R}\int V_i dt = V_o + \frac{L}{R}V_o dt$$

ここで右辺が左辺に比べ非常に短い時間領域のとき，結果的に

$$V_o \approx \frac{L}{R}\int V_i dt$$

となり，

$$V_o \approx V_i\left(1 - e^{-\frac{L}{R}t}\right)$$

となる．よって時定数 τ は $\tau = L/R$ となる． ∎

8.3 パルス信号とスイッチング回路

パルス信号は最大値を 1，最小値を 0 とする信号であり，スイッチの ON, OFF と同等と考えられる．信号を 1 と 0 だけで考える回路をスイッチング回路と言う．このスイッチング回路はトランジスタ回路で実現できる．

8.3.1 エミッタ接地回路におけるスイッチング回路

トランジスタ回路にスイッチング動作をさせて，パルス信号に対する応答をさせるとき，図 8.11 の回路が用いられる．この回路は**エミッタ接地回路**であり，その出力特性は図 8.12 となる．この出力特性に対し図 8.12 のような負荷直線を設定したとき，入力 V_i の電圧が 0 であればトランジスタのベース端子に流れる電流 I_B は 0 であるため，A 点に示すようにコレクタ電流 I_C はほとん

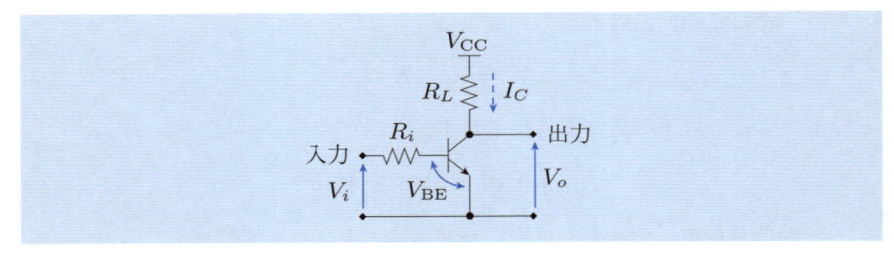

図 8.11 トランジスタによるスイッチング回路例

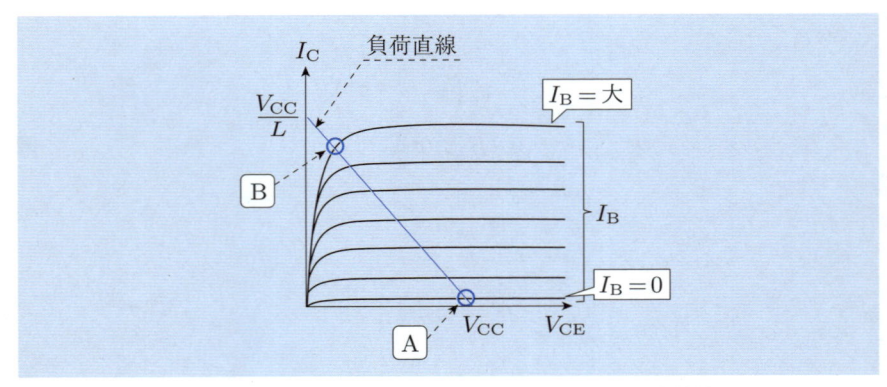

図 8.12 トランジスタのエミッタ接地回路の出力特性

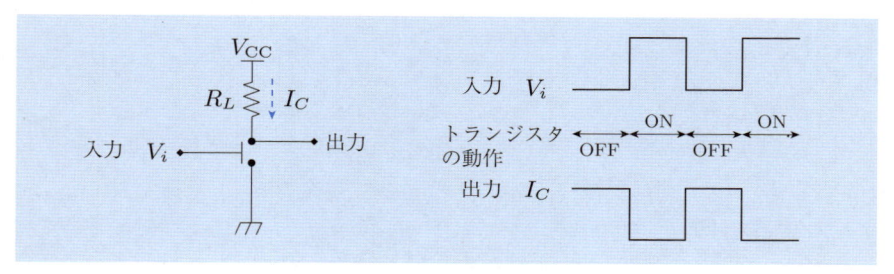

図 8.13 **スイッチとしての動作**

ど流れないことが分かる．また入力 V_i の電圧が十分大きければトランジスタのベース端子に流れる電流 I_B は大きくなるため，B 点に示すようにコレクタ電流 I_C は V_{CC}/R_L 程度流れることが分かる．入力信号が方形波であるとき，信号が 0 のときにはトランジスタの動作は A 点となり，信号が 1 のときには B 点となる．よって，方形波の入力によってトランジスタの動作の ON と OFF が決まり，結果として出力にコレクタ電流が流れるか否かを決めることができる．例えば図 8.13 はトランジスタのスイッチとしての動作を模式したものである．入力に方形波の 0 が入った場合，トランジスタの動作は OFF となるため，出力にはコレクタ電流が流れる．入力に方形波の 1 が入った場合，トランジスタの動作は ON となるため，コレクタ電流はスイッチを通して GND に流れるため，出力にはコレクタ電流は流れない．このようにパルス信号を入力することでトランジスタをスイッチとして動作させることができる．

8.3.2 信号の遅延

図 8.11 のトランジスタ回路に方形波を入力したとき，その出力信号は図 8.14 のように入力信号に対してある時間遅れた波形が出力される．出力波形は蓄積時間 t_s，立ち下がり時間 t_f，遅れ時間 t_d，立ち上がり時間 t_r を持つ．なお蓄積時間 t_s と立ち下がり時間 t_f を合わせた時間を**ターンオフ** (turn off) 時間と言い，遅れ時間 t_d と立ち上がり時間 t_r を合わせた時間を**ターンオン** (turn on) 時間と言う．

蓄積時間 t_s は出力波形が出力の最大値から 90%までに下がる時間を言う．この時間は入力によりベースに電流が流れ込んでもコレクタ–エミッタ間に電流が

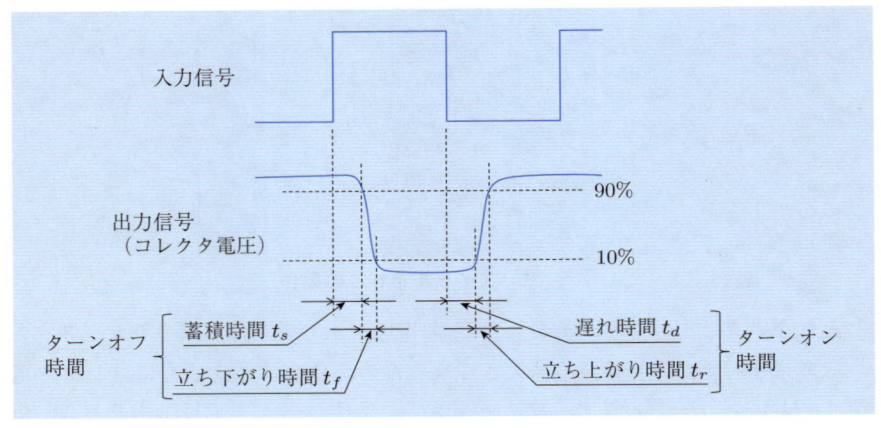

図 8.14　スイッチ回路の入出力波形

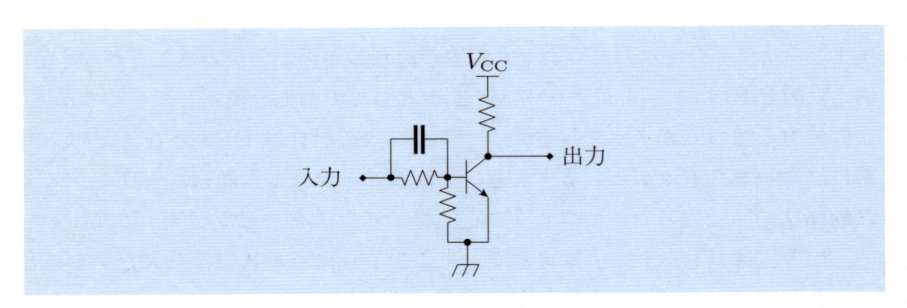

図 8.15　高速スイッチング回路例

流れるまでに時間が掛かるためである[1]．また遅れ時間 t_d は出力波形が出力の最小値から 10％までに上がる時間であり，ベース–エミッタ間に存在する容量によるものである．

立ち上がり時間 t_r と立ち下がり時間 t_f は 10％～90％に上昇する時間，または低下する時間であり，トランジスタの遮断周波数とベース電流の大きさに依存する．

これらの時間はトランジスタのベースに与える電流の大きさに関係するため，

---

[1] ベース領域に注入されたキャリアは再結合によって消滅するが，消滅させるのに時間がかかる．このためある程度消滅するまでコレクタ領域にあるキャリアは存在するためにその期間はコレクタ電流は流れないことになる．

蓄積時間 t_s や遅れ時間 t_d, 立ち下がり時間 t_f を短くするには順方向のベース電流を大きくし，立上がり時間 t_r を短くするには順方向のベース電流を小さくし，逆方向のベース電流を大きくすればよいことが分かっている．これを実現するためには図 8.15 のようにベースへの直列抵抗にコンデンサを入れれば高速でスイッチング応答が可能となる．

● **パルス信号の遅延処理** ●

パルス信号を遅延させるには主にフリップフロップ (FF) を使って遅延させる方法と積分回路を使って遅延させる方法がある．特に任意の時間だけ遅延させるには図 8.16 のように積分回路と論理素子を組み合わせることで実現が可能である．入力のパルス信号は積分回路により波形が変形する．この積分出力の波形を論理素子に入力すると，High と認識される電圧に達するまで時間が掛かる．この時間が入力に対する出力の遅延時間となる．遅延時間は積分回路の時定数で決める事ができるため，任意の遅延時間を設定することが可能である．ただし，抵抗，コンデンサという受動素子を使っているため，素子自体や熱などによる誤差に注意が必要である．

(a) 回路例　　(b) 入出力波形例

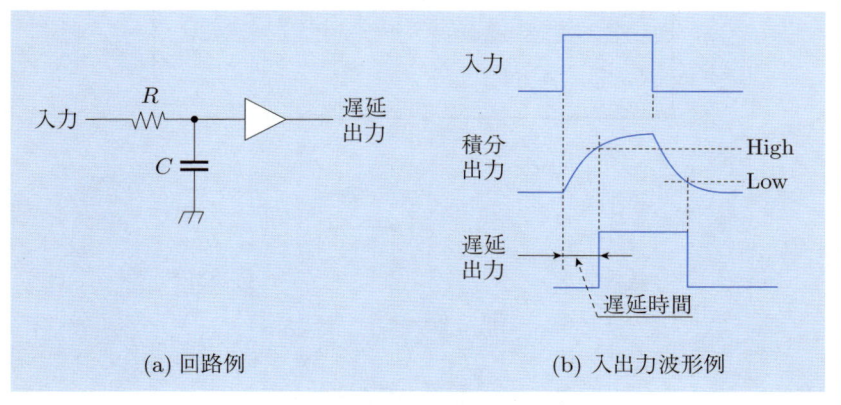

図 8.16　**積分回路を用いた遅延回路例**

8.4 マルチバイブレータ

パルス信号を発生させる回路として**マルチバイブレータ** (multivibrator) がある．マルチバイブレータは図 8.17 のように 2 つの増幅回路と結合素子を接続し，2 つの状態 (High, Low) を繰り返させることでパルス信号を発生させる．

マルチバイブレータは表 8.1 のように無安定，単安定，双安定の大きく 3 種類に分類され，結合素子に何を用いるかで決まる．なお，マルチバイブレータはトランジスタで構成するとき図 8.18 のような対称型の表示をすることが多い．

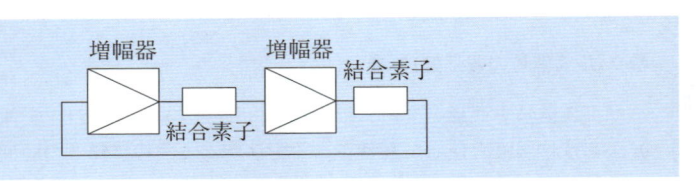

図 8.17 マルチバイブレータの基本構成

表 8.1 マルチバイブレータの分類

分類	結合素子	入出力	
無安定	両方共にコンデンサ	入力	なし
		出力	⊓ ⊓
単安定	抵抗とコンデンサ	入力	⊥ ⊥
		出力	⊓ ⊓
双安定	両方共に抵抗	入力	⊥ ⊥
		出力	⊓

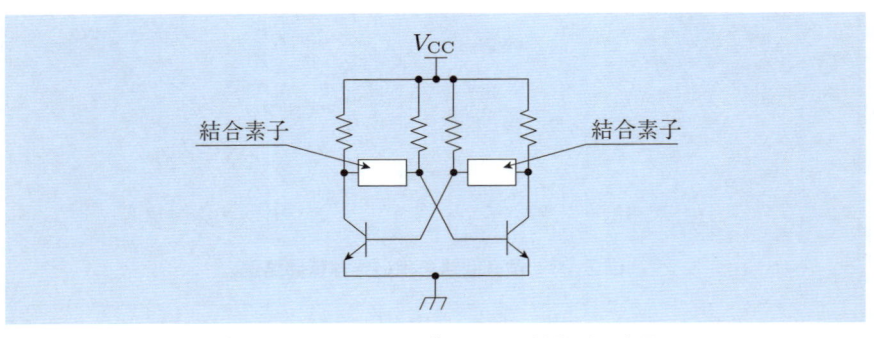

図 8.18 マルチバイブレータの対称型の表示

8.4 マルチバイブレータ

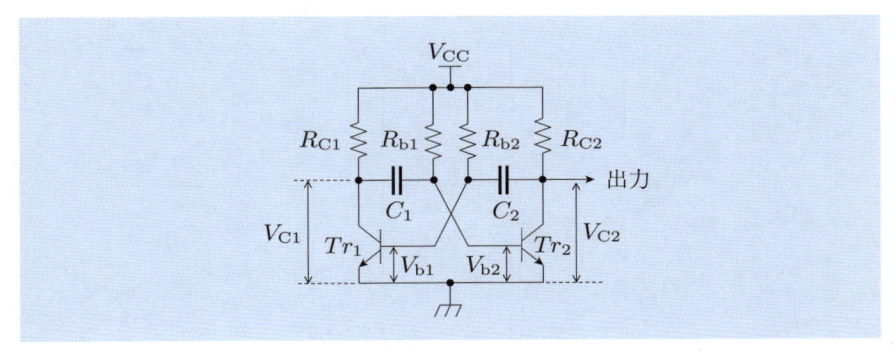

図 8.19 無安定マルチバイブレータ

8.4.1 無安定マルチバイブレータ

図 8.19 に示すように結合素子が 2 つ共にコンデンサである回路を**無安定マルチバイブレータ** (astable multivibrator) と言い，方形波を連続して出力する回路である．それぞれの増幅器は正帰還の増幅器である．

この回路の動作を以下のように解析し，各部の電圧を図 8.20 に示す．

① 電源 V_{CC} を加えたとき，最初はトランジスタ Tr_1 および Tr_2 どちらもオフであり，抵抗 R_{C1}，R_{C2} およびコンデンサ C_1，C_2 を通して双方のトランジスタのベースに電流が流れる．

② 部品の誤差のために電流の流れにも誤差が生じ，トランジスタ Tr_1 または Tr_2 のどちらかのベースの電圧が V_{BE} を超え，どちらかがオンの状態となり，どちらかがオフの状態となる．ここではトランジスタ Tr_1 のベース電圧が V_{BE} を超え，オンとなったと仮定する．

③ トランジスタ Tr_1 がオンになったとき，トランジスタ Tr_1 のコレクタ–エミッタ間に電流が流れる．このときコンデンサ C_1 の左端の電圧は V_{CC} から 0 V に急激に変化し，右端の電圧は V_{CC} の分だけ降下するため，0 V から $-V_{CC}$ となる．このときトランジスタ Tr_2 のベース電圧も $-V_{CC}$ まで降下する．

④ コンデンサ C_1 中の電荷は抵抗 R_{b1} を通して放電される．このとき，コンデンサ C_1 の右側の電圧は徐々に上昇する．またコンデンサ C_2 は抵抗 R_{C2} を通して電荷が充電される．

⑤ コンデンサ C_1 の電荷が全て放電されたとき，トランジスタ Tr_2 のベー

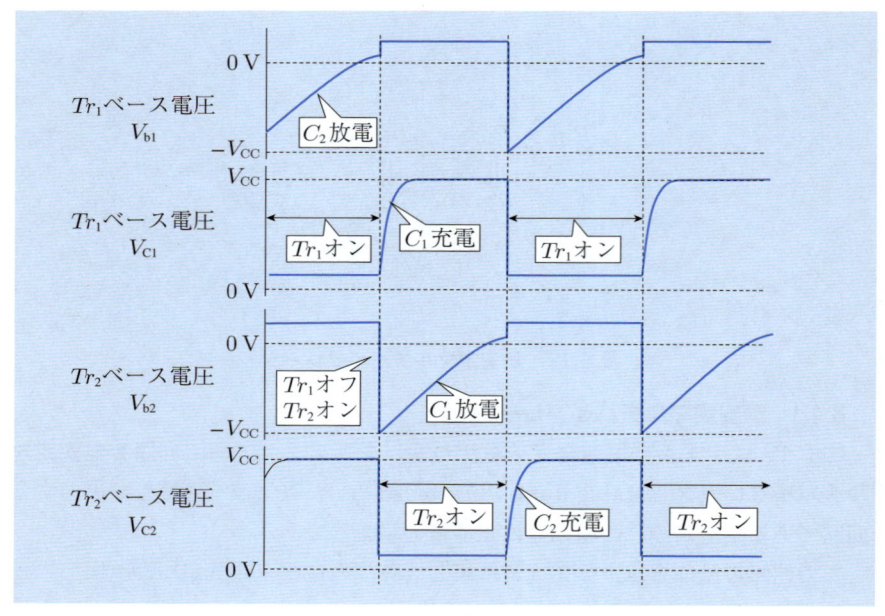

図 8.20　無安定マルチバイブレータの電圧波形

ス電圧は V_{BE} を超える．このとき，トランジスタ Tr_2 はオンとなり，トランジスタ Tr_2 のコレクタ–エミッタ間に電流が流れる．このとき，コンデンサ C_2 の右端の電圧は V_{CC} から $0\,V$ に急激に変化し，左端の電圧は V_{CC} の分だけ降下し，$-V_{CC}$ となる．このときトランジスタ Tr_1 のベース電圧も $-V_{CC}$ まで降下し，トランジスタ Tr_1 はオフ状態となる．

⑥　コンデンサ C_2 中の電荷は抵抗 R_{b2} を通して放電される．このとき，コンデンサ C_2 の左側の電圧は徐々に上昇する．またコンデンサ C_1 は抵抗 R_{C1} を通して電荷が充電される．

⑦　コンデンサ C_2 の電荷が全て放電されたとき，トランジスタ Tr_1 のベース電圧は V_{BE} を超える．この後③から⑦が繰り返される．

　以上のような動作は正帰還動作である．また，瞬時にトランジスタがオンとなり，他方のトランジスタも瞬時にオフとなるのは増幅回路の利得が 1 以上であることが必要となる．このような動作の回路は安定状態とは言えず，そのため無安定と呼ばれる．

この回路の繰り返される周期はコンデンサおよび抵抗で決められ，以下の式で示される．

$$C_1 \text{の放電期間 } t_{d1} = C_1 \cdot R_{b1}$$
$$C_1 \text{の充電期間 } t_{c1} = C_1 \cdot R_{C1}$$
$$C_2 \text{の放電期間 } t_{d2} = C_2 \cdot R_{b2}$$
$$C_2 \text{の充電期間 } t_{c2} = C_2 \cdot R_{C2}$$

ここで条件として 充電期間 < 放電期間 が必要となる．

発振の周期は C_1 および C_2 の放電期間の合計で決まる．もし回路の各部品の値が対称であるとすると，ベース電圧 V_b は

$$V_b = V_{\text{CC}} - 2V_{\text{CC}}\, e^{-\frac{t_d}{C \cdot R_b}}$$

となる．ここで t_d はコンデンサの放電期間であり，C はコンデンサを，R_b はベース端子の抵抗である．ここでトランジスタがオンになったとき，ベース電圧 $V_b \fallingdotseq 0$ と考えると，上式は

$$e^{-\frac{t_d}{C \cdot R_b}} \fallingdotseq \frac{1}{2}$$

よって，

$$t_d \fallingdotseq C \cdot R_b \log_e 2 \fallingdotseq 0.7 C \cdot R_b$$

となる．コンデンサの放電期間は上式の 2 倍となるため，発振の周期 T は

$$T = 1.4 C \cdot R_b$$

となる．

8.4.2 単安定マルチバイブレータ

図 8.21 に示すように結合素子がコンデンサと抵抗である回路を**単安定マルチバイブレータ** (monostable multivibrator) と言い，外部から入力信号を与えない限りある状態に安定して静止している回路である．

この回路の動作は以下のようになり，各部の電圧を図 8.22 に示す．

① 電源 V_{CC} を加えたとき，トランジスタ T_{r2} は抵抗 R_{b1} を通してオンになる．このため抵抗 R_c の電圧はほぼ GND と同じであるため，結果としてトランジスタ T_{r1} はオフとなる．

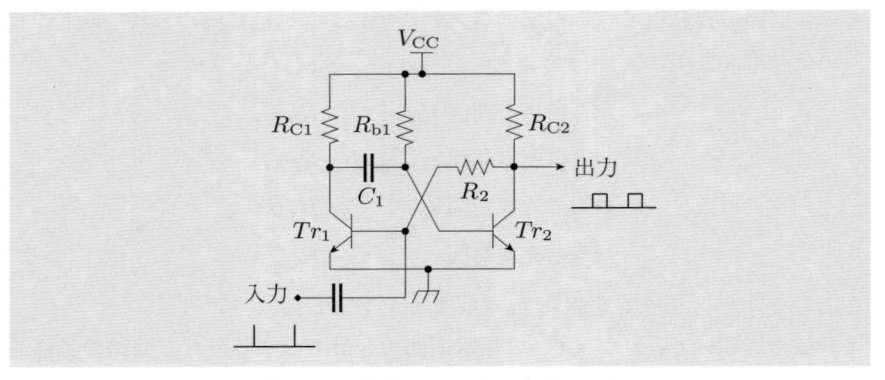

図 8.21　単安定マルチバイブレータ

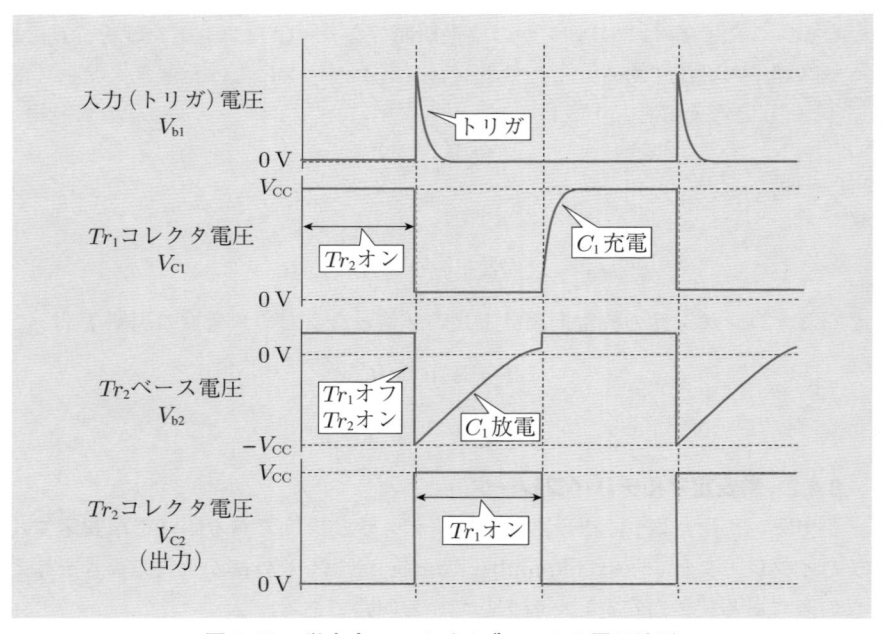

図 8.22　単安定マルチバイブレータの電圧波形

外部からの信号がない場合，この状態で回路は安定する．またコンデンサ C_1 は抵抗 R_{C1} を通して電荷が受電される．

② 入力にパルス信号を入力する．この入力信号は別名**トリガ** (trigger) と呼ばれる．この信号はトランジスタ T_{r1} のベースに伝えられ，トランジスタ T_{r1} のベースの電圧が V_{BE} を超え，トランジスタ T_{r1} はパルス信号が V_{BE} を超えている間オンとなる．

③ トランジスタ T_{r1} がオンとなると，トランジスタ T_{r2} のコレクタ–エミッタ間に電流が流れる．このとき，コンデンサ C_1 の左端の電圧は V_{CC} から $0\,\mathrm{V}$ に急激に変化し，右端の電圧は V_{CC} の分だけ降下し，$-V_{CC}$ となる．このときトランジスタ T_{r2} のベース電圧も $-V_{CC}$ まで降下し，トランジスタ T_{r2} はオフ状態となる．

④ コンデンサ C_1 中の電荷は抵抗 R_{b1} を通して放電される．このとき，コンデンサ C_1 の右側の電圧は徐々に上昇する．

⑤ コンデンサ C_1 の電荷が全て放電されたとき，トランジスタ T_{r2} のベース電圧は V_{BE} を超え，トランジスタ T_{r2} はオンになり，そのまま状態は変化せず安定する．

以上のように通常出力は Low の状態であるが，トリガであるパルス信号が入力されるたびにある幅のパルス信号が出力され，その後出力は再び Low の状態に戻る．このようにある安定した状態から異なる状態に変化するものの，再び安定した状態に戻るマルチバイブレータ回路を**単安定マルチバイブレータ**と呼ぶ．

この回路のパルス幅 T の周期はコンデンサ C_1 と抵抗 R_{b1} で決められ，以下の式で示される．

$$T \fallingdotseq 0.7 C_1 \cdot R_{b1}$$

単安定マルチバイブレータの出力の波形は良好な方形波であるため，パルス信号の整形としても用いることが可能である．

8.4.3　双安定マルチバイブレータ

図 8.23 に示すように 2 つの結合素子が抵抗である回路を**双安定マルチバイブレータ** (bistable multivibrator) と言い，外部からの入力信号により 2 つの安定状態のどちらかに変化し，安定して静止する回路である．

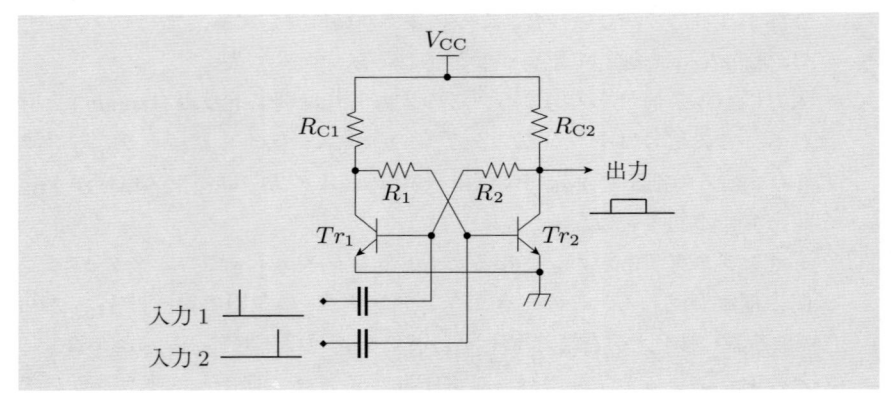

図 8.23　非対称トリガ型双安定マルチバイブレータ

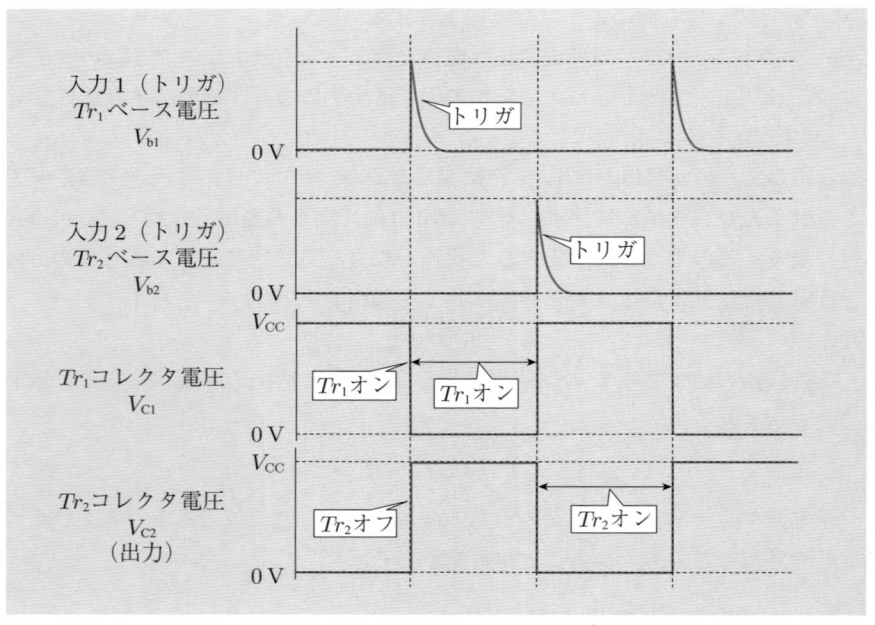

図 8.24　単安定マルチバイブレータの電圧波形

8.4 マルチバイブレータ

この回路の動作は以下のようになり，各部の電圧を図 8.24 に示す．

① 電源 V_{CC} を加えたとき，最初はトランジスタ T_{r1} および T_{r2} どちらもオフであり，抵抗 R_{C1}, R_{C2} およびコンデンサ R_1, R_2 を通して双方のトランジスタのベースに電流が流れる．

② 部品の誤差のために電流の流れにも誤差が生じ，トランジスタ T_{r1} または T_{r2} のどちらかのベースの電圧が V_{BE} を超え，どちらかがオンの状態となり，どちらかがオフの状態となる．ここではトランジスタ T_{r1} のベース電圧が V_{BE} を超え，オンとなったと仮定する．

③ 入力 1 にパルス信号（トリガ）を入力する．この信号はトランジスタ T_{r1} のベースに伝えられ，トランジスタ T_{r1} のベースの電圧が V_{BE} を超え，トランジスタ T_{r1} はパルス信号が V_{BE} を超えている間オンとなる．

④ トランジスタ T_{r1} がオンとなると，トランジスタ T_{r2} のコレクタ–エミッタ間に電流が流れる．このとき，コンデンサ R_1 の電圧は V_{CC} から $0\,\mathrm{V}$ に急激に変化し，トランジスタ T_{r2} のベース電圧も $0\,\mathrm{V}$ まで降下し，トランジスタ T_{r2} はオフ状態となり，そのまま状態は変化せず安定する．

⑤ 入力 2 にパルス信号を入力する．この信号はトランジスタ T_{r2} のベースに伝えられ，トランジスタ T_{r2} のベースの電圧が V_{BE} を超え，トランジスタ T_{r1} はオンとなる．

⑥ トランジスタ T_{r2} がオンとなると，トランジスタ T_{r2} のコレクタ–エミッタ間に電流が流れる．このとき，コンデンサ R_2 の電圧は V_{CC} から $0\,\mathrm{V}$ に急激に変化し，トランジスタ T_{r2} のベース電圧も $0\,\mathrm{V}$ まで降下し，トランジスタ T_{r2} はオフ状態となり，そのまま状態は変化せず安定する．

以上のように出力はトリガであるパルス信号が異なる入力に入るたびに出力が変化し，その後出力は安定する．このように 2 つの安定した状態を行き来するマルチバイブレータ回路は双安定マルチバイブレータ，またはフリップフロップとも呼ばれる．

図 8.23 は入力が 2 つある非対称トリガであるが，図 8.25 は入力が 1 つの対称トリガの回路である．ここで抵抗 R_1 および R_2 に並列にあるコンデンサはスピードアップコンデンサと言い，回路の動作速度を速めるためのものであり，コレクタ電圧の変化が微分され，その急激な変化をもって他方のベース端子に

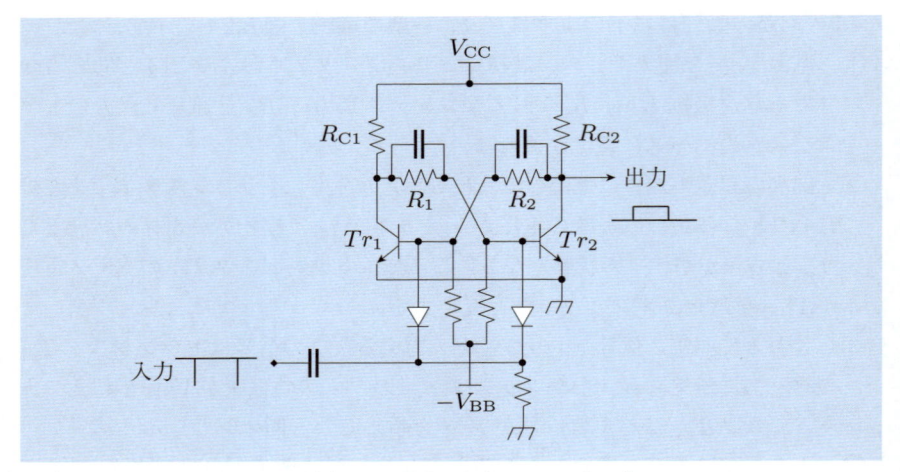

図 8.25　対称トリガ型双安定マルチバイブレータ

伝える役割をする．また，対称トリガの回路には負の電源である $-V_{BB}$ が存在するため，入力が負の場合にオンとなっているトランジスタに接続されているダイオードが順方向となり，そのトランジスタはオフに，他方のトランジスタがオンとなる．なお，負の電源が使われるため，対称トリガの双安定マルチバイブレータ回路は単電源での回路には向かない．

8.5 シュミットトリガ

　入力信号の電圧レベルに対して出力状態がヒステリシスを持つ回路をシュミットトリガと言う．

8.5.1 ヒステリシス

　ヒステリシス (hysteresis) を持つ出力は図 8.26 のように入力の電圧レベルに対してそのしきい値が異なるため，入力が V_{t1} を超えたとき High となり，入力が V_{t2} を下回ったとき Low となる．入力を横軸，出力を縦軸にとると，図 8.27 (a) のような入出力特性となる．通常は図 8.27 (b) のようにしきい値電圧 V_t は 1 つしかなく，しきい値電圧 V_t を超えると High となり，逆にしきい値電圧 V_t を下回ると Low となる．よって，ヒステリシス特性はある意味状態を保持（記憶）しているとも考えられる．

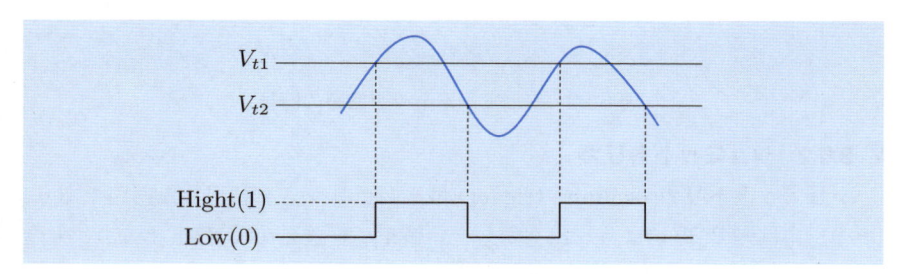

図 8.26　ヒステリシスを持つ出力

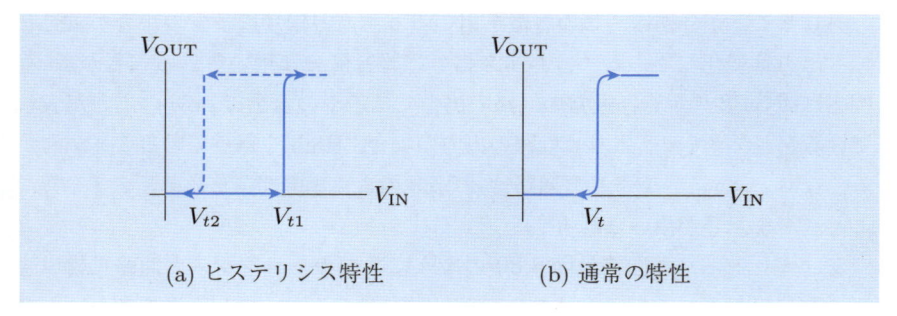

(a) ヒステリシス特性　　(b) 通常の特性

図 8.27　入出力特性

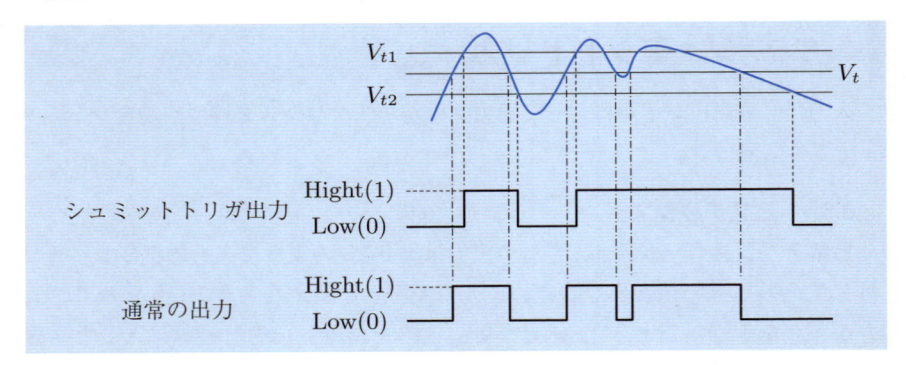

図 8.28　シュミットトリガ回路と通常の回路の入出力波形

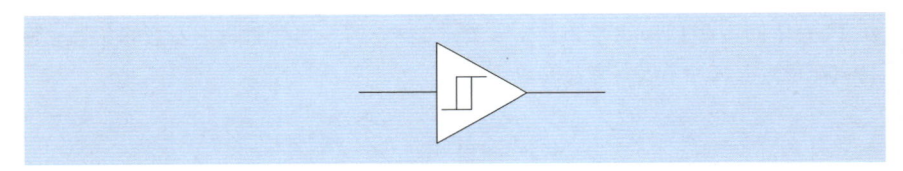

図 8.29　シュミットトリガ回路の記号

8.5.2　シュミットトリガ

　シュミットトリガ (schmitt trigger) はヒステリシスを利用した回路であり，その出力は図 8.28 のように出力がしきい値 V_{t1} を超えれば High となり，しきい値 V_{t2} を下回れば Low となる．通常の回路の場合はしきい値 V_t を超えれば High，下回れば Low となるため，シュミットトリガ回路の出力は通常の出力と異なることが分かる．この特徴を用いると，入力信号に多少の雑音が重畳しても出力は変化しないため，パルス信号の雑音除去に用いられることが多い．例えば図 8.28 の場合，通常の回路の出力では若干の変動で Low の出力が表れているが，シュミットトリガ回路の出力の場合，High を保っていることが分かる．なお，シュミットトリガ回路は図 8.29 のような内部にヒステリシスを持つことを表す記号が用いられる．

　シュミットトリガ回路は図 8.30 のように 2 つのトランジスタ回路で構成することができる．この回路はある意味双安定マルチバイブレータであり，入力により 2 つの状態を反転させる．

8.5 シュミットトリガ

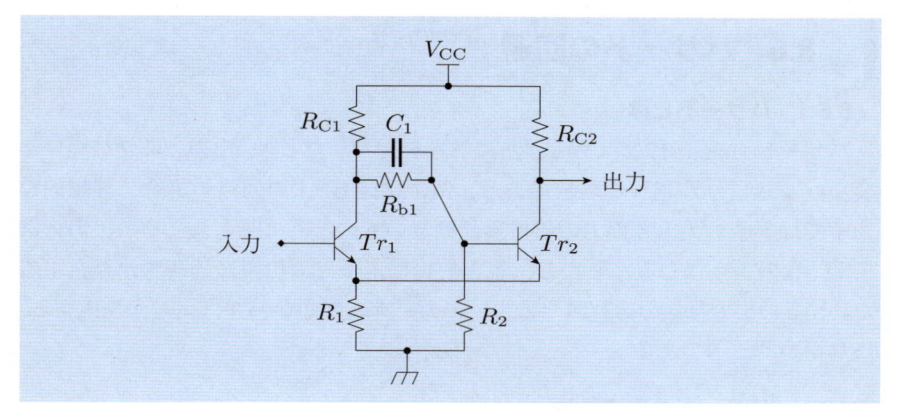

図 8.30 シュミットトリガ回路

■ **例題 8.2** ■

図 8.30 の回路の動作解析をせよ.

【解答】 入力が 0 V のときにはトランジスタ T_{r1} はオフ,トランジスタ T_{r2} はオンとなっている.入力電圧がある値 V_{t2} より高くなると,トランジスタ T_{r1} がオンとなり,トランジスタ T_{r2} のベース電圧が 0 V となるため,トランジスタ T_{r2} はオフとなる.この状態で入力電圧を下げるとトランジスタ T_{r1} のコレクタ電圧が徐々にに上がり,トランジスタ T_{r2} のベース電圧が上昇し,入力電圧がある値 V_{t1} より下がると,トランジスタ T_{r1} はオフとなり,トランジスタ T_{r2} がオンとなる.このとき V_{t1} と V_{t2} の電圧は $V_{t1} < V_{t2}$ であり,ヒステリシスを持つ.

8.6 ハザードの回避

8.6.1 ハザードとは

ハザード (hazard) とはある回路に信号を入力したとき，出力に非常に短い不要なパルス信号が現れる現象である．例えば図 8.31 の回路の場合，理想的な素子では素子の入力と出力の伝搬遅延は無いものとして扱われ，その出力は図 8.32 (a) のようになる．しかし，現実的には素子には伝搬遅延時間が存在するため，その出力は図 8.32 (b) となり，出力に非常に短いパルス信号が発生する．これがハザードである．

8.6.2 ハザードの回避方法

ハザードを回避するにはいくつかの方法がある．図 8.33 は回避策の一例である．図 8.33 (a) は出力側にフリップフロップを置き，ハザードが発生しないタイミングでクロックを入れ，データを確定する．図 8.33 (b) は信号の入力前にフリップフロップを入れることで信号の遅れをクロックに同期させることで

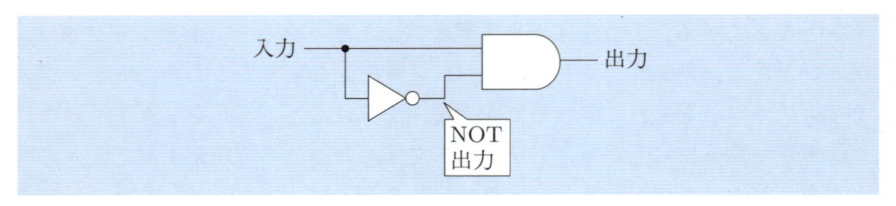

図 8.31　ハザードが発生する回路例

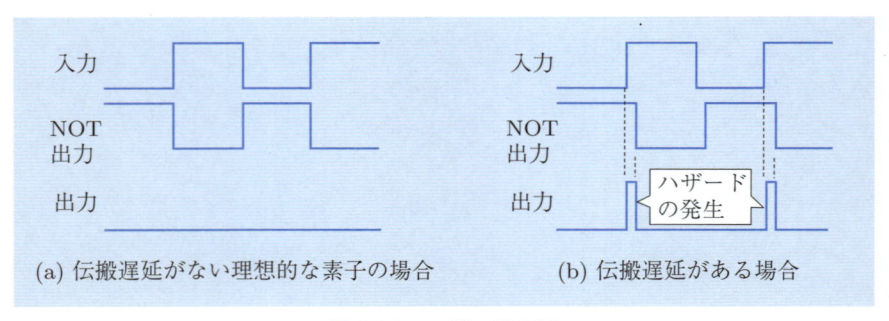

(a) 伝搬遅延がない理想的な素子の場合　　　(b) 伝搬遅延がある場合

図 8.32　ハザードの例

8.6 ハザードの回避

ハザードを回避する．しかし，図 8.33 (a) および (b) だけでは完全にはハザードを回避することができないため，入力および出力にフリップフロップを入れることでハザードはほぼ回避することが可能となる．しかしその場合，全体の回路規模が大きくなるため，コスト増となる．よって，ハザードはどのような場合に発生するかは個々の回路によって異なるため，場合ばあいによって回避策を考えてとる必要がある．

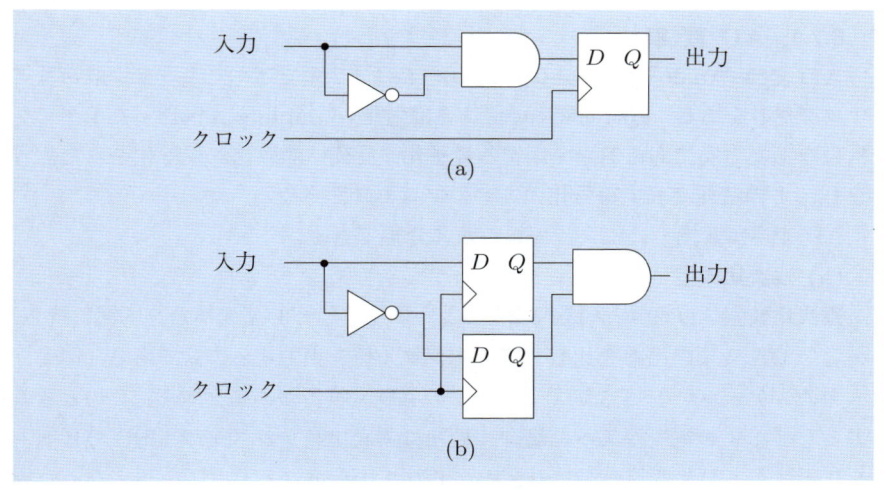

図 8.33　ハザードの回避例

8.7 AD変換,DA変換

AD変換はアナログ信号をディジタル電子回路で用いやすいようにパルス信号に変換し,その後ディジタル情報に変換するものであり,DA変換はディジタル情報をアナログ信号に変換するものである.AD変換およびDA変換の回路はディジタル電子機器では広く用いられている回路である.

8.7.1 AD 変 換

AD変換 (Analog-Digital Convertor) は1.4.2項で述べたように,最初はアナログ信号をある一定時間間隔で区切る**離散化**(Sampling),区切ったアナログ信号を振幅方向にある間隔で区切る**量子化**,最後に離散化,量子化された信号を0と1の情報で表す**符号化**の3つのプロセスからなる.

AD変換は変換方式によって幾つかに分類できる.

(a) 逐次比較型

逐次比較型AD変換器は図8.34のように比較器とDA変換器を内部に持ち,入力とDA変換の出力を比較してディジタル値を出力する方式である.例えば入力のスケールが0〜1.5Vで4ビットのAD変換器があるとする.このとき入力として1Vの電圧が入った場合,最初に逐次比較レジスタのMSBのビットを1とする.DA変換からは0.8Vが出力されるが,入力電圧を超えないためMSBのビットはそのまま1とする.次に逐次比較レジスタのMSBの下の桁のビットを1にする.DA変換からは0.8V+0.4Vが出力され,計1.2Vとな

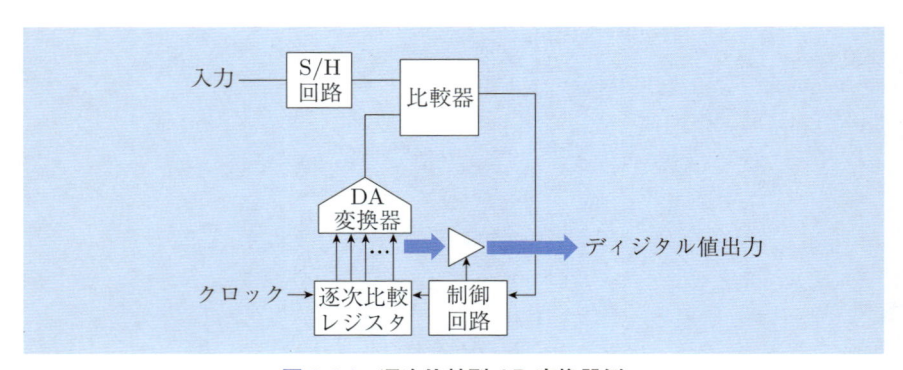

図 8.34 逐次比較型 AD 変換器例

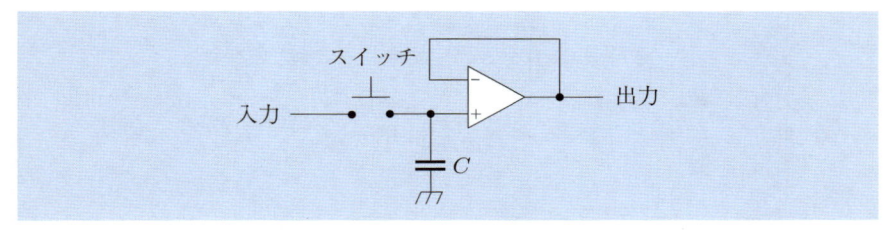

図 8.35　サンプルホールド回路例

り，入力電圧を超えるため，このビットは 0 とする．次にさらに下の桁のビットを 1 にする．DA 変換からは 0.8 V + 0.2 V が出力され，計 1.0 V となり，入力電圧は超えないためこのビットは 1 とする．最後に LSB のビットを 1 にすると，DA 変換からは 1.1 V (0.8 V + 0.2 V + 0.1 V) が出力され，入力電圧を超えるため，LSB は 0 とする．結果として，MSB から 1010 のディジタル値が出力される．

逐次比較型は比較的高速にできるため，広く一般的に使われる．しかし，入力電圧との比較があるため，変換中は入力電圧が変動しないよう保つ図 8.35 のサンプルホールド (Sample Hold) 回路が用いられる．この回路はスイッチを閉じることによって入力の電圧をコンデンサ C に充電し，スイッチを開けることでコンデンサ C に充電した電圧を取り出す．つまり，コンデンサ C に充電された電圧がある時間における入力電圧の値を保持（ホールド）するという回路である．

(b) 二重積分型

二重積分型 AD 変換器は図 8.36 のように積分回路とカウンタからなる回路である．その動作原理は図 8.37 のように入力信号をある一定時間積分し，その後逆の基準電圧を入力し，積分値が 0 になるまでの時間を計ることで入力電圧 V_{IN} と基準電圧 V_{ref} の比によるディジタル値を得る．入力電圧 V_{IN} によりある一定時間積分したときの電圧 V_{OUT} は

$$V_{\mathrm{OUT}} = \frac{-V_{\mathrm{IN}} N \Delta t}{RC}$$

で求められる．ここで N は入力電圧によるパルス数，Δt はパルス幅の間隔時間，R は抵抗，C はコンデンサである．

また基準電圧 V_{ref} によりある一定時間積分したときの電圧 V'_{OUT} は

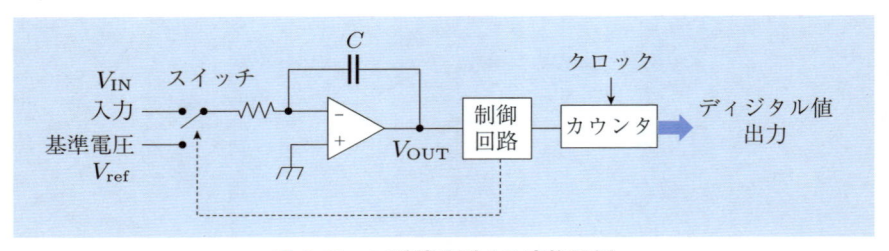

図 8.36　二重積分型 AD 変換器例

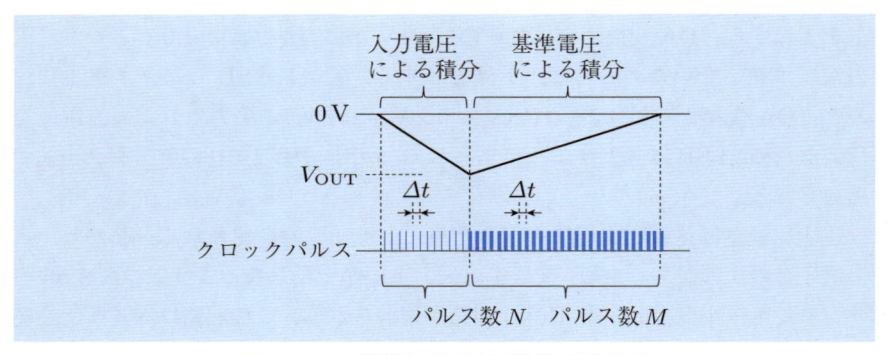

図 8.37　二重積分型 AD 変換器 動作波形

$$V'_{\text{OUT}} = \frac{-V_{\text{ref}}MT}{RC}$$

で求められる．ここで M は基準電圧によるパルス数である．最終的に二重積分型 AD 変換器のディジタル値 M は

$$M = \frac{V_{\text{IN}}}{V_{\text{ref}}}N$$

で求めることができる．

二重積分型 AD 変換器は構成が簡単であり，また雑音に強く高精度という特徴を持っているが，変換に時間を要するため，変換速度が遅くても問題がない箇所に用いられることが多い．

(c) フラッシュ型（並列比較型）

フラッシュ型 AD 変換器は図 8.38 のように多数の比較器（コンパレータ）から構成される回路である．その動作原理は基準電圧を複数個の抵抗器で分圧し，それぞれの比較器で入力電圧を比較判定することでディジタル値を得る．この

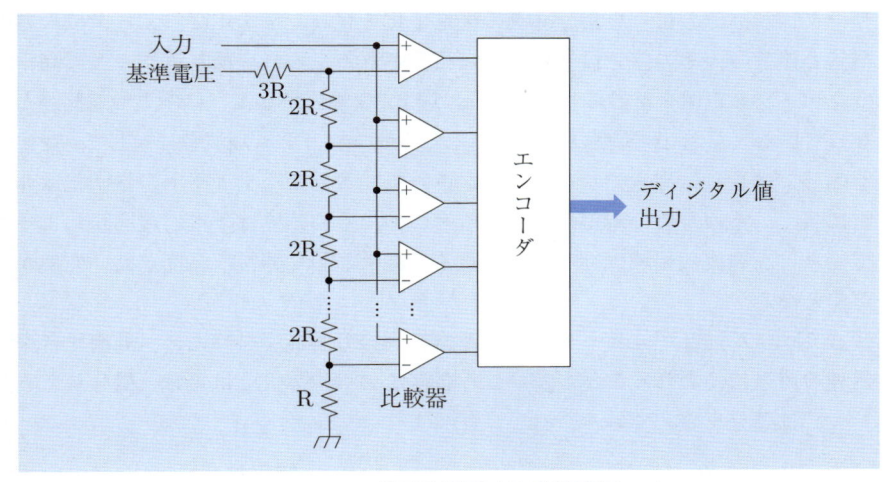

図 8.38　並列比較型 AD 変換器例

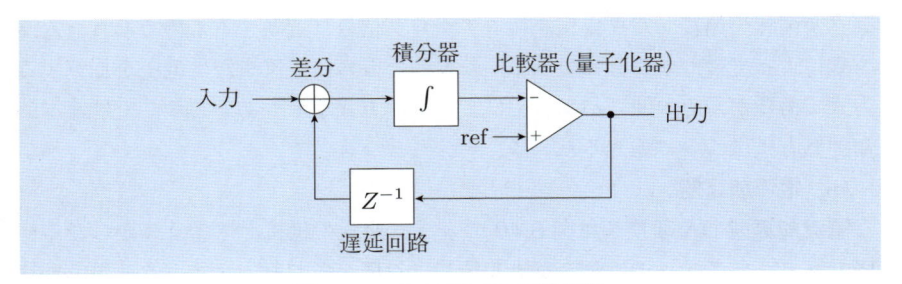

図 8.39　Δ-Σ 型 AD 変換器例

方式は非常に高速で，その速度は比較器の反応速度により決まる．しかしながら多数の比較器を必要とする．例えば 8 ビットの場合には 256 個の比較器が，10 ビットの場合には 1024 個の比較器が必要であり，回路規模が大きく，かつ，消費電力が大きくなるというデメリットがある．

(d) Δ-Σ 型

Δ-Σ 型 AD 変換器は図 8.39 のように差分器，積分回路と 1 ビットの量子化変換器および遅延回路で構成される回路であり，その基本原理は Δ-Σ 変調にある．

Δ-Σ 変調アナログ信号を非常に高い周波数でサンプリング（オーバーサンプ

リング）し，その信号を積分，その後量子化を行う．量子化後のデータは入力信号と差分し，その差分信号がさらに積分される．これを繰り返すことで高精度なディジタル情報が得られる．これは図 8.39 で分かるように多重帰還回路となっている．なお Δ–Σ 型は外部に出てくるサンプリング周波数に対して，変換器内部ではさらに高速でサンプリングされている．また 1 ビットの量子化は非常に粗く，そのための誤差が発生するものの，その誤差は多重帰還回路によって徐々に高周波数領域に押し込められる．結果として非常に精度が高い変換が可能となる．

Δ–Σ 型の特徴は 24 ビット以上の非常に高い分解能を持つため，計測や音声処理の用途に使われることが多い．ちなみに Δ–Σ 型の Δ は差分（微分）を表し，Σ は積分を表している．

8.7.2 DA 変 換

DA 変換 (Digital-Analog Convertor) の基本は 0 と 1 の離散信号であるディジタル情報を連続した振幅値を持つアナログ信号に変換するものであり，変換方式によって幾つかに分類できる．基本的なものは電流または電圧を加算する方式であるが，その他にパルス幅による変調方式などもある．ここでは基本的な加算方式について述べる．

(a) 電流加算型

電流加算型 DA 変換器は図 8.40 のように複数の抵抗とスイッチからなる回路である．各スイッチはディジタル情報に対応しており，ディジタル情報が 1 のときにスイッチが ON となり，その際に抵抗に電流が流れる．最終的に各抵抗に流れるスイッチは**キルヒホフの法則**により合算され，その合算された電流 I がディジタル情報に対応した電流値となる．

合算された電流 I は以下の式で求めることができる．

$$I = \sum_{n=0}^{N-1} \frac{V_{\mathrm{CC}} \cdot B_n}{2^{-n} R}$$

ここで N はディジタル情報のビット数であり，B_n は各ビットのディジタル情報である．

電流加算型 DA 変換器は構成が非常に簡単であるものの，ビットが多くなるに従い精度が高い抵抗を必要とする．

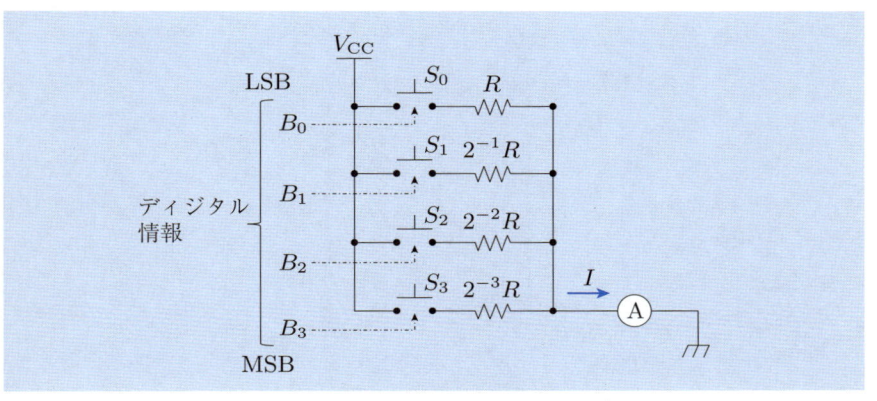

図 8.40　電流加算型 DA 変換器

■ 例題 8.3 ■

ビット数が 5 ビットの電流加算型 DA 変換器において，V_{CC} が 5 V で LSB の抵抗 R が 1 kΩ のとき，ディジタル情報が 10110 の電流値 I は幾つか．

【解答】 各ビットに流れる電流を計算する．

$$B_0: I_0 = 5\,\text{V} \div (1\,\text{k}\Omega \cdot 2^0) = 5\,\text{V} \div 1\,\text{k}\Omega = 5\,\text{mA}$$
$$B_1: I_1 = 5\,\text{V} \div (1\,\text{k}\Omega \cdot 2^{-1}) = 5\,\text{V} \div (1\,\text{k}\Omega/2) = 10\,\text{mA}$$
$$B_2: I_2 = 5\,\text{V} \div (1\,\text{k}\Omega \cdot 2^{-2}) = 5\,\text{V} \div (1\,\text{k}\Omega/4) = 20\,\text{mA}$$
$$B_3: I_3 = 5\,\text{V} \div (1\,\text{k}\Omega \cdot 2^{-3}) = 5\,\text{V} \div (1\,\text{k}\Omega/8) = 40\,\text{mA}$$
$$B_4: I_4 = 5\,\text{V} \div (1\,\text{k}\Omega \cdot 2^{-4}) = 5\,\text{V} \div (1\,\text{k}\Omega/16) = 80\,\text{mA}$$

ディジタル情報は 10110 なので，$I = (I_4 \cdot B_4) + (I_3 \cdot B_3) + (I_2 \cdot B_2) + (I_1 \cdot B_1) + (I_0 \cdot B_0)$ から，$I = (80\,\text{mA} \cdot 1) + (40\,\text{mA} \cdot 0) + (20\,\text{mA} \cdot 1) + (10\,\text{mA} \cdot 1) + (5\,\text{mA} \cdot 0) = 110\,\text{mA}$ となる． ■

(b) R-2R ラダー型

R-2R ラダー型 DA 変換器は図 8.41 のように 2 種類の抵抗とスイッチからなる回路である．各抵抗がはしごのように配置されているため，**ラダー** (Ladder) 型と呼ばれている．各スイッチはディジタル情報に対応しており，ディジタル情報の各桁に対応した電圧が出力され，最終的にそれらが合算され，ディジタ

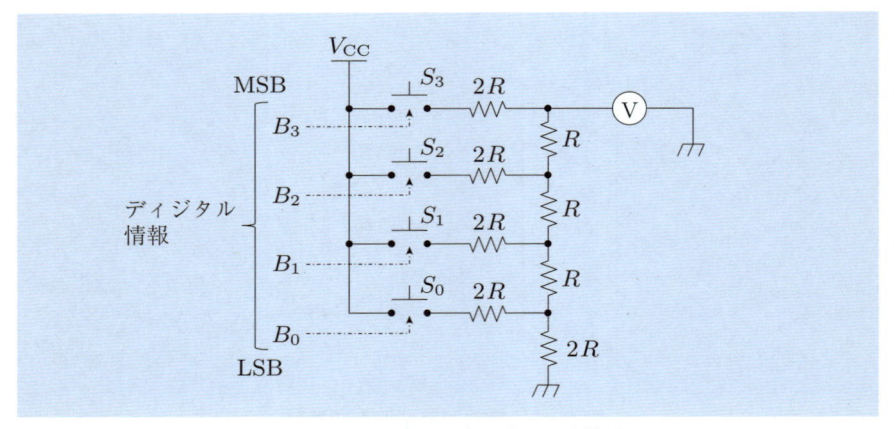

図 8.41　R-2R ラダー型 DA 変換器

ル情報に対応した電圧 V が出力される．

$$V = \frac{V_{CC}}{2^N} \cdot \sum_{n=0}^{N-1} B_n \cdot 2^n$$

ここで N はディジタル情報のビット数であり，B_n は各ビットのディジタル情報である．

R-2R ラダー型 DA 変換器は R と $2R$ の 2 種類の抵抗器で構成できるため，ビットが多くなっても簡単に実現することができる．

■ 例題 8.4 ■

ビット数が 5 ビットの R-2R 型 DA 変換器において，V_{CC} が 5 V で抵抗 R が 1 kΩ のとき，ディジタル情報が 10110 の電圧値 V はいくつか．

【解答】 1 ビットの電圧 V_bit は $V \div 2^N$ より $V_\text{bit} = 5\,\text{V} \div 32 = 156.25\,\text{mV}$．

ディジタル情報が 10110 のときの重み B_N は $B_N = (1 \cdot 2^4) + (0 \cdot 2^3) + (1 \cdot 2^2) + (1 \cdot 2^1) + (0 \cdot 2^0) = (1 \cdot 16) + (0 \cdot 8) + (1 \cdot 4) + (1 \cdot 2) + (0 \cdot 1) = 16 + 4 + 2 = 22$ となる．

よって電圧 V は $V = V_\text{bit} \cdot B_N = 156.25\,\text{mV} \times 22 = 3.4375\,\text{V}$ となる．■

8章の問題

☐ **8.1** 以下の図の空欄に適切な用語を入れよ

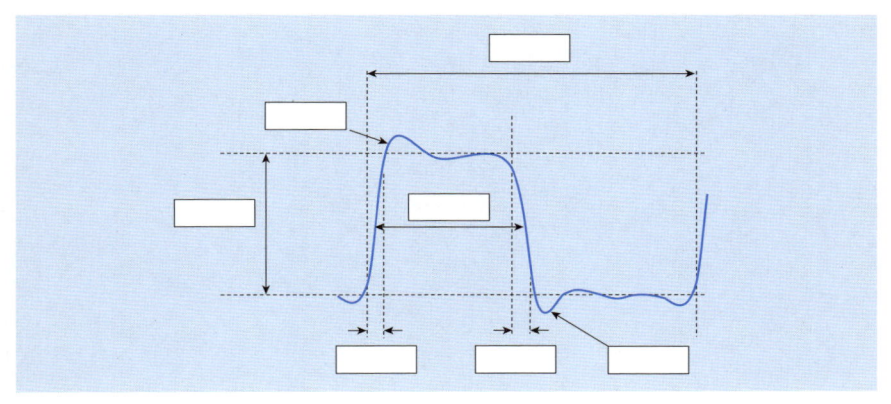

図 8.42

☐ **8.2** 以下の用途にはどのようなマルチバイブレータが適切か答えなさい．
(1) ディジタル回路のメモリ素子
(2) 踏切の遮断機の点滅信号機
(3) ある時間が経過したらブザーがなるウォッチ

☐ **8.3** 以下の用途にはどのような AD 変換器が適切か答えなさい．
(1) 高速なディジタルオシロスコープ
(2) 温度センサー
(3) 音声認識装置

☐ **8.4** R-2R 型 DA 変換器において V_{CC} が 3.3 V，抵抗 R が 10 kΩ のとき，ディジタル情報が 1100 の電圧値は幾らになるか．

第9章
メモリ回路(記憶回路)

　本章では情報を記憶するメモリ回路について学ぶ．メモリには大別してRAMとROMがあり，双方共にディジタル電子回路には重要な要素部品であることを理解する．またメモリが組み合わせ回路と関係があることについても学ぶ．

> **9章で学ぶ概念・キーワード**
> - アドレス，データ
> - SRAM, DRAM, ROM
> - メモリと組み合わせ回路
> - PLD, FPGA

9.1 メモリ回路とは

9.1.1 メモリ回路の基本的な構成

メモリ (memory) とは情報を記憶する素子である．1つの素子で1ビットの情報が記憶でき，素子を多数集めることでまとまった情報を記憶することができる．

メモリには図 9.1 のように入力に多数の素子の中から1つの素子を選択するための**アドレス信号** (address signal)，データを入力するための**データ信号**，メモリにデータを書き込むか読み込むか，または他のことをするのかを指示する**制御信号** (control signal) などがある．

アドレス信号の数はメモリの記憶容量と関係があり，記憶容量が大きいほどアドレス信号の数も増える．例えば1アドレスで読み出せるデータが8ビットの場合，1M ビットのメモリ素子のアドレス信号の数は 1M ビット ÷ 8 ビット =1048576 ビット ÷ 8 ビット =131072= 2^{17} より 17 本となり，1G ビットのメモリ素子のアドレス信号の数は，1G ビット ÷ 8 ビット =1073741824 ビット ÷ 8 ビット =134217728= 2^{27} より 27 本となる．

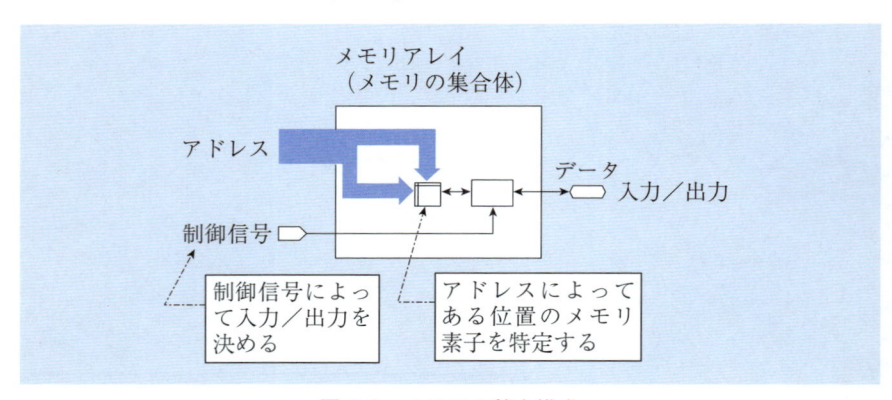

図 9.1　メモリの基本構成

9.2 メモリの種類

9.2.1 メモリの分類

メモリは図 9.2 のように大きく分けて任意のメモリ素子に読み書きができる **RAM** (Random Access Memory) と，任意のメモリ素子の読み出しのみができる **ROM** (Read Only Memory) に分類される．RAM は**揮発性**のメモリ素子で構成され，電源が供給されている限りメモリ素子の情報を保持する．ROM は**不揮発性**のメモリ素子で構成され，電源が供給されなくてもメモリ素子の情報を保持し続けることができる．

9.2.2 RAM

RAM は読み書きが可能なメモリであり，内部のメモリ素子の構造の違いにより Dynamic RAM (DRAM) と Static RAM (SRAM) に分類される．

(a) SRAM (Static RAM)

SRAM のメモリ素子は基本的にフリップフロップで構成される．図 9.3 に 6 つの FET で構成される内部構成例を示す．$Q_1 \sim Q_4$ の 4 つの FET によってフリップフロップが構成され，入力された 1 または 0 のデータを保持することが

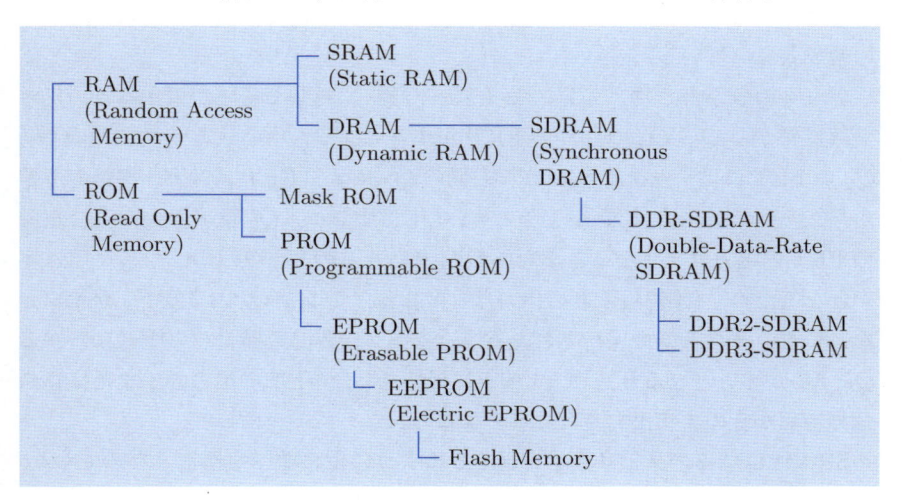

図 9.2 メモリの分類

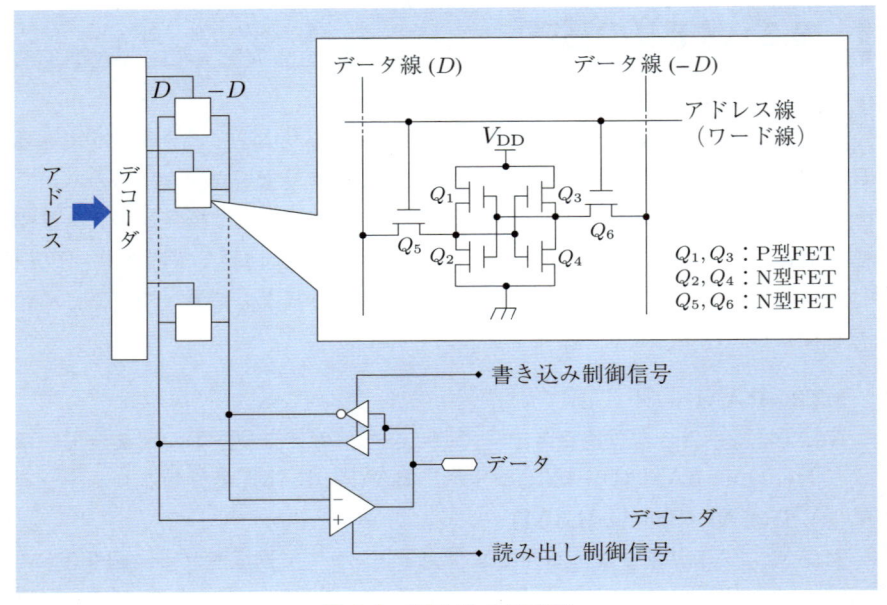

図 9.3　SRAM の構成例

可能となっている．なお Q_1〜Q_4 の 4 つの FET は相補型 (Complementary) の構成となっている．

　データの読み書きはアドレス線（ワード線）に対して電圧が掛かると，ワード線に繋がる Q_5, Q_6 の 2 つの FET がオンとなる．書き込み時は左側の Q_1, Q_2 の FET にはデータ線の D が，右側の Q_3, Q_4 の FET にはデータ線の $-D$ が与えられる．例えば D が 1 のとき，Q_1 はオンに，Q_2 はオフになり，左側の FET の出力は 1 となる．また $-D$ は 0 となるので，Q_3 はオフに，Q_4 はオンとなるため，右側の FET の出力は 0 となる．ここで Q_5 および Q_6 がオフとなっても，その状態は保持されたままとなる．読み込み時はワード線に繋がる Q_5, Q_6 がオンとなると，データ線上に保持された FET の出力の 1 または 0 の信号情報がそのまま出力されることになる．

　SRAM は個々のメモリ素子を図 9.3 のように縦に並べた構造となっており，それぞれのメモリ素子に対して特定のアドレス信号が与えられる．SRAM に入力されるアドレスはデコーダによって特定のアドレス信号が生成される．

また SRAM は複数の FET によって情報の 1 または 0 を記憶するため，電源が供給されていないと情報は消えることになる．また 1 ビットの情報を記憶するために複数の FET が必要なため，1 ビットあたりのコストが高価なものとなる．よって SRAM は構造的にもコスト的にも大容量には向いておらず，レジスタやキャッシュなどの小容量の記憶装置に使われることが多い．

なお SRAM の読み書きの動作は速く，理由の 1 つとしてデータ線を低インピーダンスでドライブできることなどが挙げられる．

(b) DRAM (Dynamic RAM)

DRAM のメモリ素子は図 9.4 のように 1 つの FET とコンデンサから構成される．このコンデンサに電荷が存在していれば 1，電荷がなければ 0 の情報となる．

データの読み書きは以下の通りである．① アドレス線（ワード線）に対して電圧を掛けると FET がオンとなる．② その結果コンデンサがデータ線（ビット線）と繋がる．③ 書き込みの場合は電荷がコンデンサに蓄積または放電され，

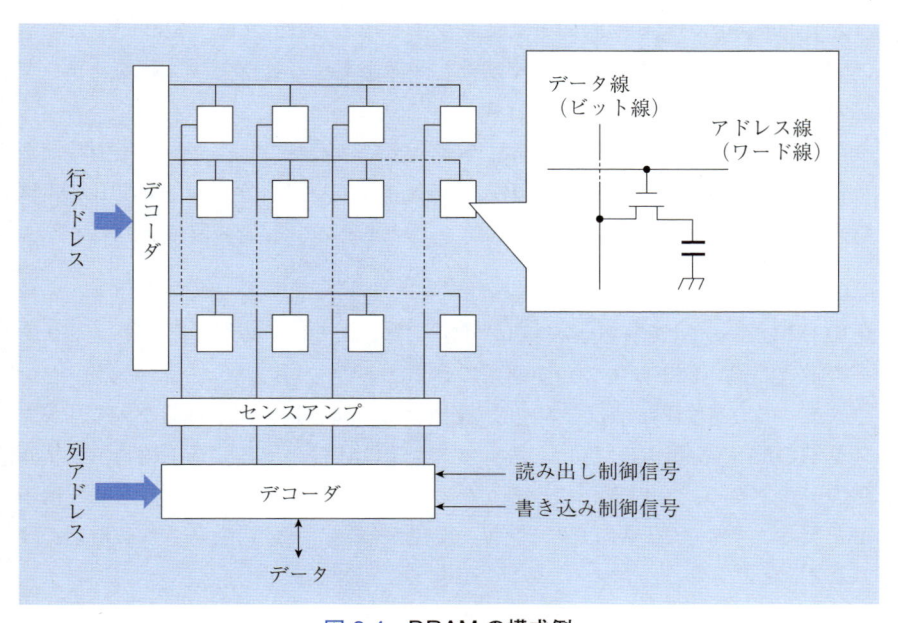

図 9.4　DRAM の構成例

読み出しの場合はコンデンサの電荷がデータ線に表れる．

DRAM は個々のメモリ素子を図 9.4 のように縦横に並べた構造となる．このため DRAM に入力されるアドレスは行アドレスと列アドレスに分割されている．行アドレスはワード線に対応し，デコーダによって特定のワード線を選択する．また列アドレスはデータ線に対応し，特定のメモリ素子のデータ線を選択する．その結果任意のアドレスのメモリ素子に対して情報を書き込んだり読み出したりすることが可能となる．このときアドレスバス上には行アドレス信号 (**RAS**: Row Address Strobe) を先に発行し，その後列アドレス信号 (**CAS**: Column Address Strobe) が発行され，暫く後にデータが出力される．この時間は CAS latency と言われ，遅延時間の一種である．なおコンデンサからのデータは非常に微弱な信号のため，センスアンプによって信号を増幅する必要がある．

DRAM ではコンデンサによって情報の 1 または 0 を記憶するため，電源が供給されないと情報は消えることになる．また FET による漏れ電流のためにコンデンサ内部の電荷も時間と共に減少する．そこで，ある一定時間ごとにコンデンサの電荷をセンスアンプで増幅し，再充電する動作（リフレッシュ）が必要となる．

なお DRAM の動作はコンデンサへ蓄積または読み出しにある一定の時間が必要なため，読み書きの速度は SRAM に比べて遅い．しかしながら DRAM は構造的に大容量に向いており，主にコンピュータの主記憶装置に使われる．

9.2.3 ROM

ROM は基本的に読み込みのみが可能であるメモリであり，内部のメモリ素子の構造の違いにより幾つかの種類に分類される．

メモリの製造段階で情報を固定して記憶させ，書き換えが不可能なメモリが**マスク ROM** (Mask ROM) である．マスク ROM は半導体製造工程時に集積回路の配線パターンを固定してしまうため，読み込みはできても，書き込みは不可となる．マスク ROM は主に情報の変更が無く，大量に生産される機器に使われる．

メモリに対して 1 回だけ情報を書き込むことができ，その後再書き込みができないメモリが **PROM** (Programmable ROM) である．PROM は図 9.5 の

9.2 メモリの種類

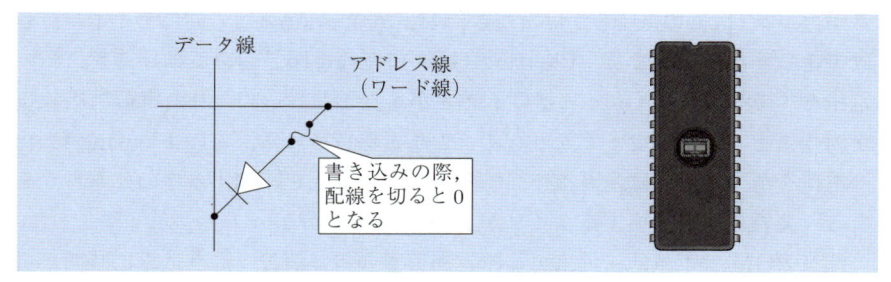

図9.5 PROMのメモリ素子例

図9.6 EPROM例

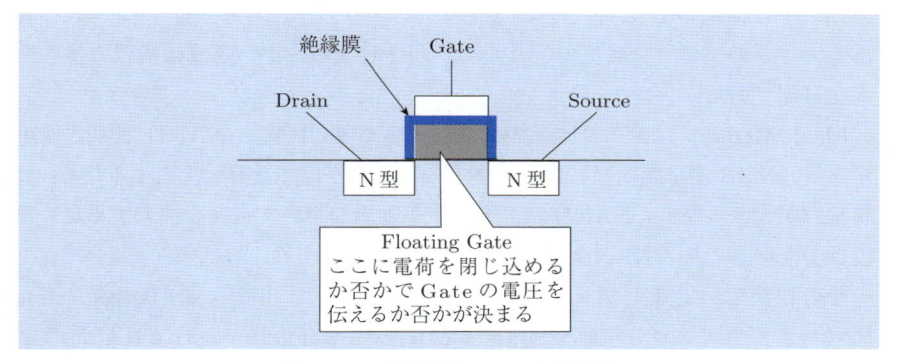

図9.7 EPROMのメモリ素子例

ように書き込みの際に配線を切ってしまうタイプのものが代表的であり，配線が切れているか否かで情報を記憶することができる．なお，このタイプのPROMをOne Time PROMと呼ぶ．

PROMと同様情報を書き込むことができ，何らかの手段で書き込んだ情報を消去でき，かつ再書き込みできるタイプが **EPROM** (Erasable PROM) である．EPROMの代表的なものは書き込んだ情報を紫外線によって消去するタイプであり，図9.6のようにメモリの上部がガラスとなって中の半導体に紫外線を当てることができるようになっている．

さらにEPROMには電気的に書き込んだ情報を消去するタイプがあり，**EEPROM** (Electrically EPROM) と呼ばれている．

EPROMの内部の構成は図9.7のようにFETのゲート部分にFloating Gageが追加された構造となっている．このFloating Gageに対して電荷を閉じ込め

るか否かで Gate の電圧をかけたときに Drain と Source との間にチャネルが形成できるか否かが決まる．Floating Gate に電荷を閉じ込めるには非常に高い電圧をメモリ素子の Gate に掛ける必要がある．閉じ込められた電荷は絶縁膜が周りにあるため減少することなくそのまま保持される．この Floating Gate の電荷を消去するには紫外線を当てるか，高い電圧を印加するかのどちらかとなる．高い電圧を印加するタイプが EEPROM である．

　EEPROM は電気的に消去可能ではあるものの，消去，書き込みに時間が掛かる．これらの問題を解決する素子として **Flash Memory** がある．Flash Memory は情報の消去，書き込みを個々のメモリ素子に対して行うのではなく，ある大きさのブロック単位で行うため，EEPROM に比べ高速に情報の書き換えが可能である．

　Flash Memory はメモリ素子の構成によって NOR 型と NAND 型の 2 種類がある．NOR 型は絶縁膜に対して多くの電流をかけて電荷を注入するため，消費電力が大きくなる．NAND 型はトンネル効果を用いて電荷を注入するため電流は少ないものの，NAND 型は高い電圧を必要とする．

　その他新しいメモリ素子として強誘電体を用いた FeRAM (Ferroelectric RAM) や磁気のスピン状態を利用する MRAM (Magnetoresistive RAM) などが現れている．これらの新しいメモリ素子は読み書きが高速にできる RAM の特性と，不揮発性である ROM の特性を兼ね備えた素子として使われている．

9.3 組み合わせ回路とメモリの関係

9.3.1 組み合わせ回路とメモリ

組み合わせ論理回路は図 9.8 のように複数の入力に対して 1 つまたは複数の出力がある回路であり，真理値表での表現が可能である．真理値表は複数の入力に対して，1 つまたは複数の出力を定め，それを表にしたものである．ここで図 9.8 のように真理値表の入力の部分をアドレスに，出力の部分をアドレスで指定された情報と考えると，真理値表はメモリで置き換えることができる．つまり，組み合わせ回路はメモリで表現が可能であると言える．よって複雑な回路を持つと考えられる組み合わせ回路であっても，真理表的には複数の入力と出力の組み合わせであり，結果的にメモリに対して出力の情報を書き込めば組み合わせ回路は実現可能である．

9.3.2 メモリと PLD/FPGA

PLD は Programmable Logic Array の略であり，**FPGA** は Field Programmable Gate Array の略である．何れも内部の論理回路をプログ

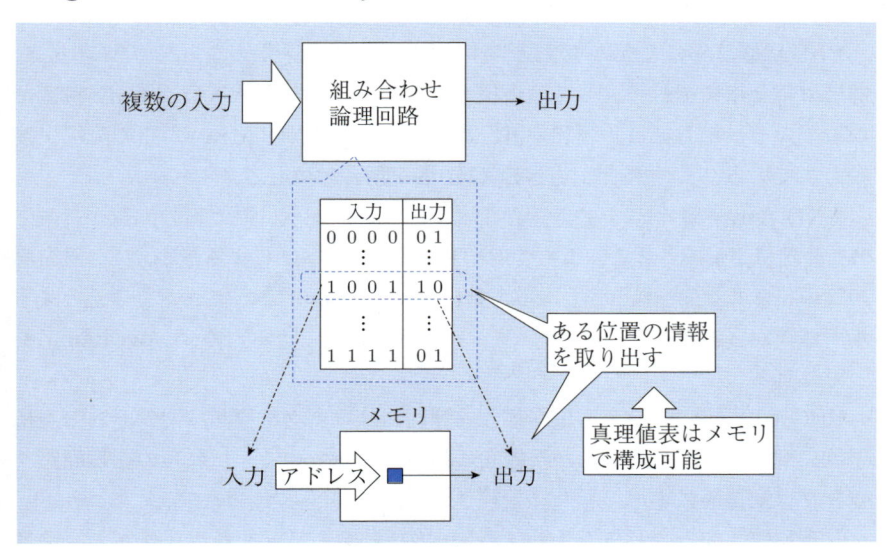

図 9.8 組み合わせ論理回路とメモリ

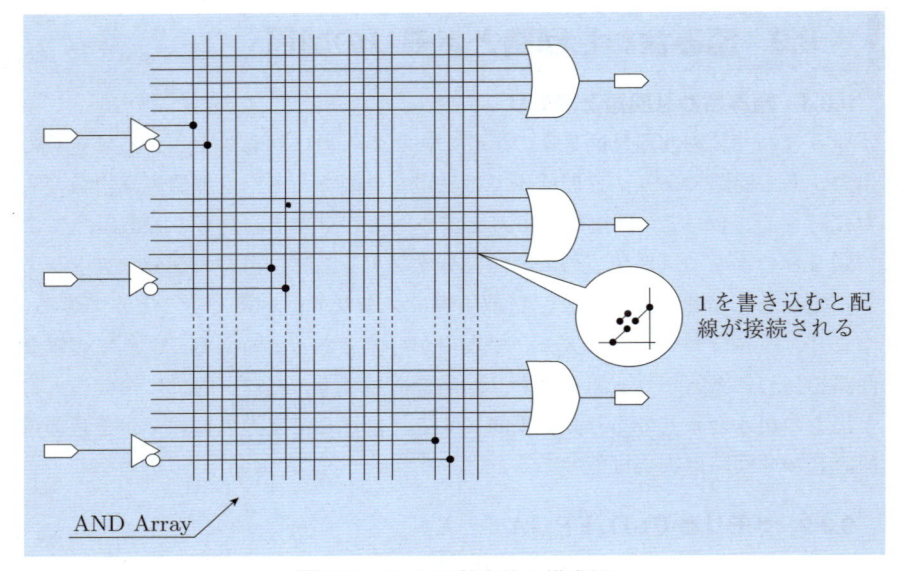

図 9.9　PLD の基本的な構成例

ラムによって生成可能なデバイスである．

　PLD は図 9.9 のように内部配線層と入出力用の端子からなっている．内部配線層は縦と横の配線によって論理積 (AND) を形成する **AND Array 構造**となっている．出力部は論理和 (OR) 素子があり，AND Array からの配線が接続されている．この構成は **AND-OR 固定型**と呼ばれる．

　AND Array は "1" を書き込むことで図 9.9 のように縦と横の配線が接続され，論理積が形成される．よって PLD は AND Array による最小項と，出力部の論理和による加法標準形となる．なお AND Array に対する 1 を書き込みする場所は後から書き込む情報（データ）によって特定できるため，Programmable と呼ばれる．

　FPGA は図 9.10 のように内部に論理回路ブロックを複数持ち，それらが格子状に配置され，それぞれが接続する構造となっている．これらの論理回路ブロックは配線層によって相互に接続される．

　論理回路ブロックは図 9.10 のように内部にメモリと記憶素子を持ち，論理回路ブロック内においてメモリを用いた組み合わせ回路，および順序回路が構

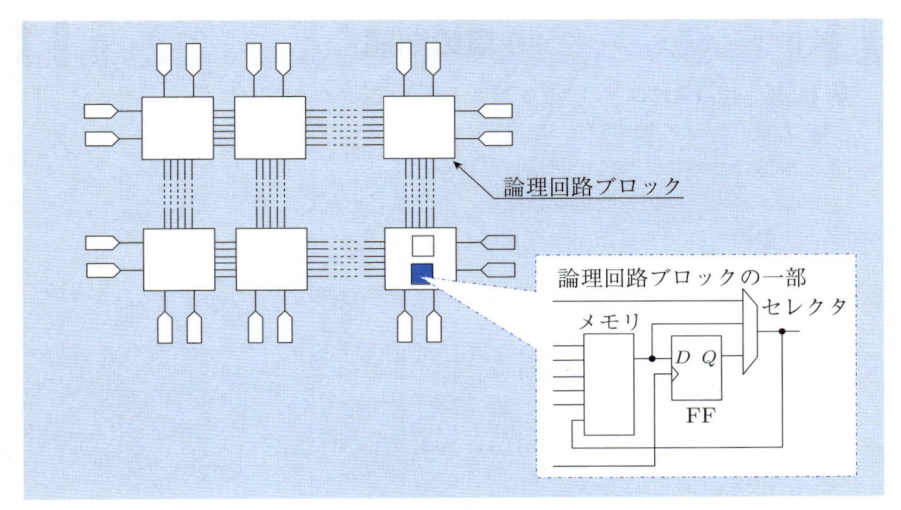

9.3 組み合わせ回路とメモリの関係　　159

図 9.10　FPGA の基本的な構成例

成可能である．これらの論理回路ブロックを配線層で複数組み合わせることで種々の回路を形成することができる．この配線層の接続情報および論理回路ブロック内のメモリの情報やセレクタ に対する信号の選択などの情報は後から書き込むことができる．また複数の論理回路ブロックに対して同じクロック信号を入力することが可能であるため，同期式回路を形成することもできる．

■ 例題 9.1 ■
以下の加法標準形の式を AND-OR 固定型回路で実現せよ．
$$L = X\overline{Y} + \overline{YZ}$$

【解答】以下の図となる．

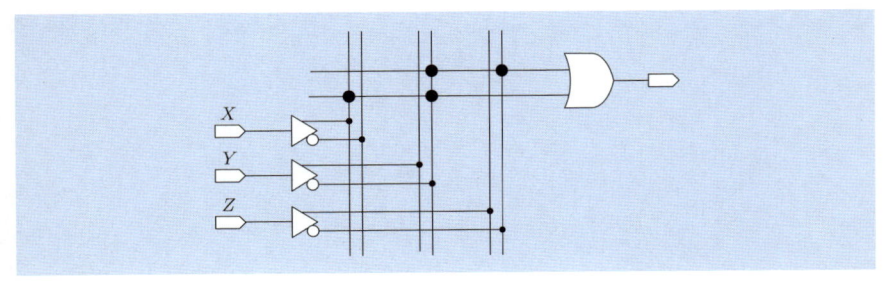

9章の問題

☐ **9.1** 以下の用途にはどのタイプのメモリが相応しいか答えなさい．
(1) 大量のデータを一時的に記憶しておく
(2) 計算のために一時的に記憶しておく
(3) コンピュータの起動用プログラムを記憶しておく
(4) 大量のデータを長期保存しておく

☐ **9.2** DRAM のアドレスの発行において下図の空欄に適切な用語を入れなさい．

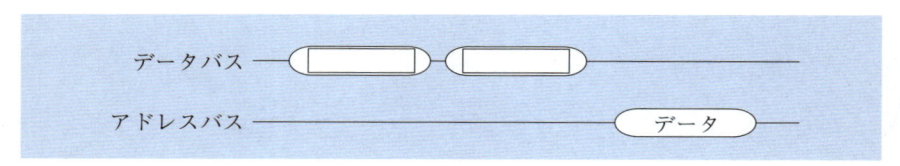

図 9.11

☐ **9.3** 以下の乗法標準の式を変換し，下図の AND-OR 固定型回路に適切な接続点を記入し，回路を完成させなさい．

$$L = (X + Y) \cdot (X + Z)$$

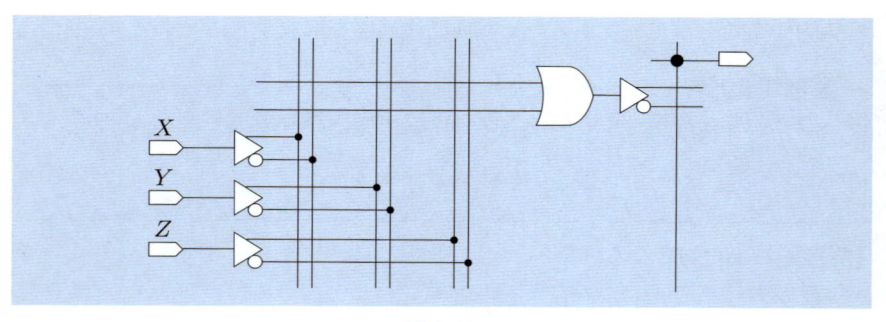

図 9.12

演習問題解答

1章

■ 1.1　(1) 1100010101
(2) 50
(3) 0011 1110 1000
(4) 6B7
(5) 10101111

■ 1.2　(1)

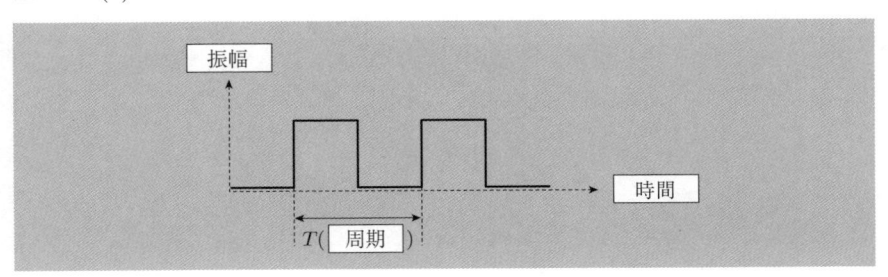

振幅／時間／T(周期)

(2) $0.01\,\mu$ 秒，または $10\,\mathrm{n}$ 秒

(3)

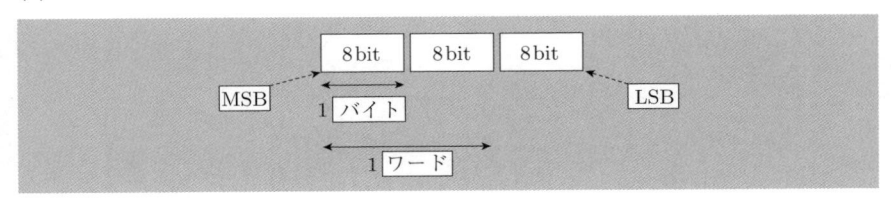

MSB — 8bit 8bit 8bit — LSB
1 バイト
1 ワード

2章

■ 2.1 (1)

a	b	$\overline{a}+b$
0	0	1
0	1	1
1	0	0
1	1	1

(2)

a	b	$\overline{a}+b$	$a+\overline{b}$	$(\overline{a}+b)\cdot(a+\overline{b})$
0	0	1	1	1
0	1	1	0	0
1	0	0	1	0
1	1	1	1	1

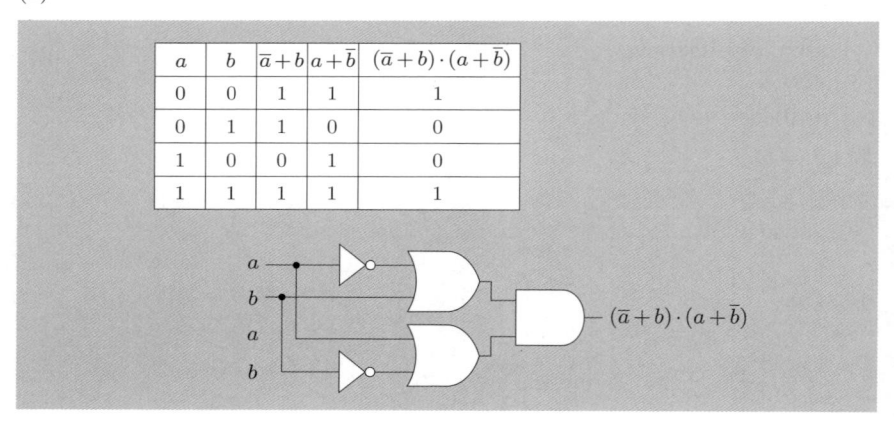

■ 2.2 (1) $A \cdot B \cdot C + \overline{A} \cdot B \cdot C + A \cdot B + \overline{B \cdot C}$
$= (A + \overline{A}) \cdot B \cdot C + A \cdot B + \overline{B \cdot C}$
$= 1 \cdot B \cdot C + \overline{B \cdot C} + A \cdot B$
$= (B \cdot C + \overline{B \cdot C}) + A \cdot B$
$= 1 + A \cdot B$
$= 1$

(2) $(A + B \cdot C) \cdot (A + C \cdot D) \cdot (A + B + D)$
$= (A \cdot A + A \cdot C \cdot D + A \cdot B \cdot C + B \cdot C \cdot C \cdot D) \cdot (A + B + C)$
$= (A + A \cdot C \cdot D + A \cdot B \cdot C + B \cdot C \cdot D) \cdot (A + B + C)$
$= ((A + A \cdot C \cdot D) + A \cdot B \cdot C + B \cdot C \cdot D)(A + B + C)$
$= (A + A \cdot B \cdot C + B \cdot C \cdot D)(A + B + C)$
$= (A + B \cdot C \cdot D)(A + B + C)$

$= A \cdot A + A \cdot B + A \cdot C + A \cdot B \cdot C \cdot D + B \cdot B \cdot C \cdot D + B \cdot C \cdot C \cdot D$
$= A + A \cdot B + A \cdot C + A \cdot B \cdot C \cdot D + B \cdot C \cdot D + B \cdot C \cdot D$
$= A + A \cdot C + A \cdot B \cdot C \cdot D + B \cdot C \cdot D$
$= A + A \cdot B \cdot C \cdot D + B \cdot C \cdot D$
$= A + B \cdot C \cdot D$

■ 2.3 (1)

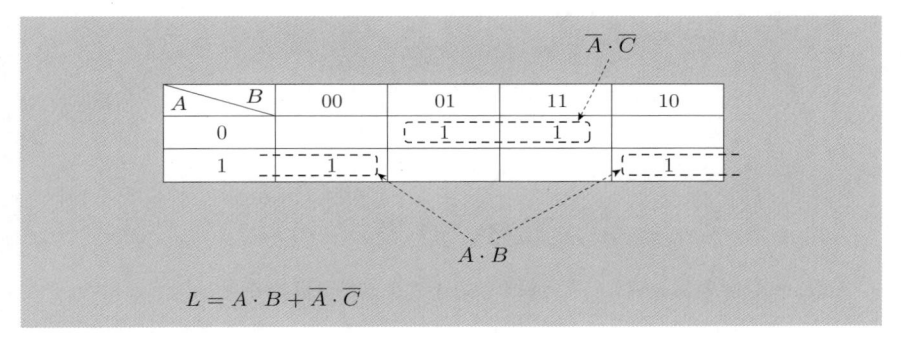

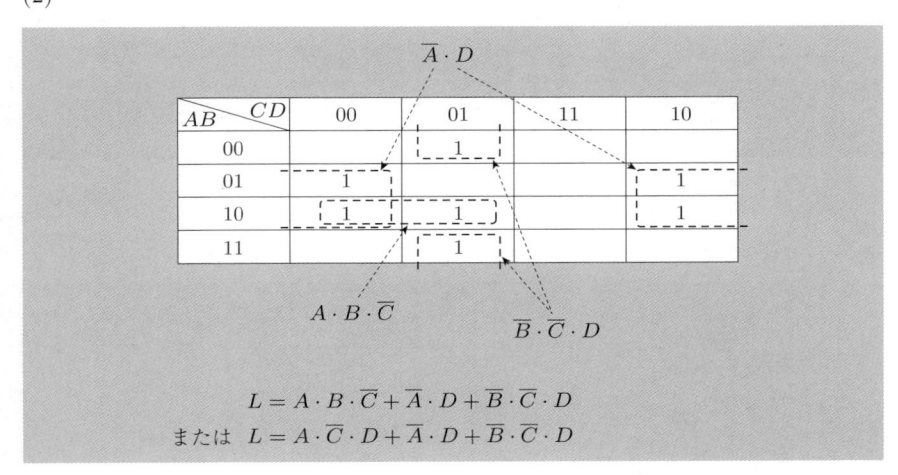

A\B	00	01	11	10
0		1	1	
1	1			1

$L = A \cdot B + \overline{A} \cdot \overline{C}$

(2)

AB\CD	00	01	11	10
00		1		
01	1			1
10	1	1		1
11		1		

$L = A \cdot B \cdot \overline{C} + \overline{A} \cdot D + \overline{B} \cdot \overline{C} \cdot D$
または $L = A \cdot \overline{C} \cdot D + \overline{A} \cdot D + \overline{B} \cdot \overline{C} \cdot D$

3章

■ 3.1　7486 は EXOR なので $(\overline{A}+B)\cdot(A+\overline{B})$ を実現すればよい．よって以下のような回路となる．

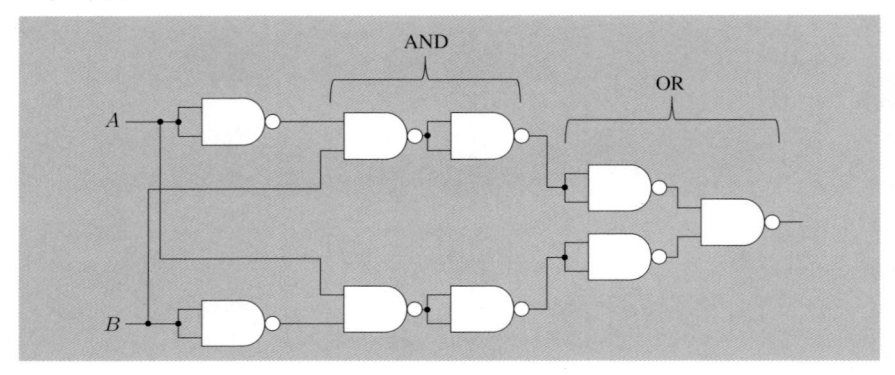

AND と OR の NAND をまとめると以下のように簡単化できる．

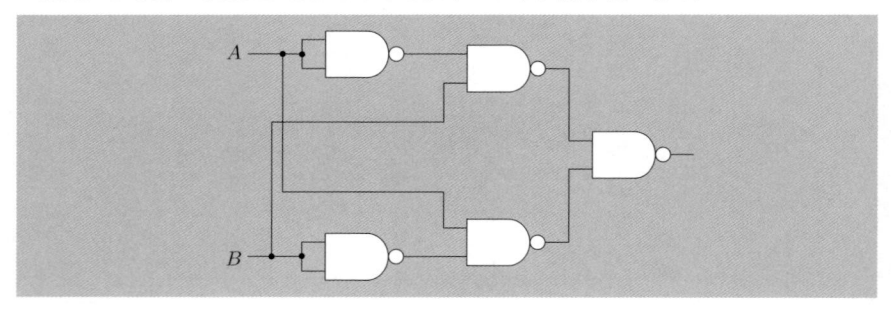

■ 3.2　(1)

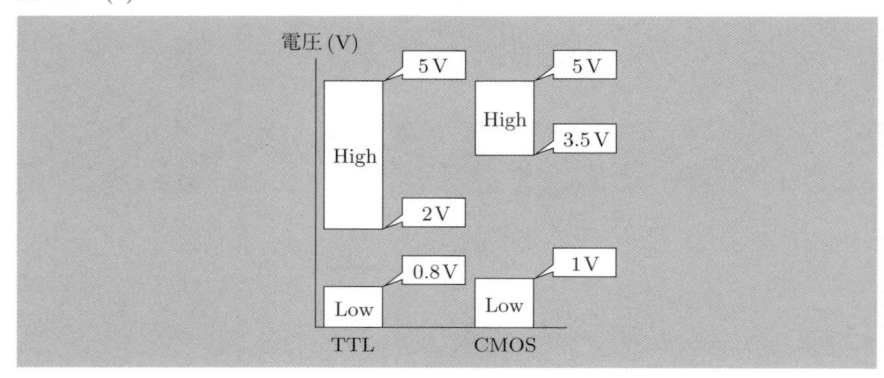

(2) 以下の図ように $10\,\text{k}\Omega$ でプルアップすればよい.

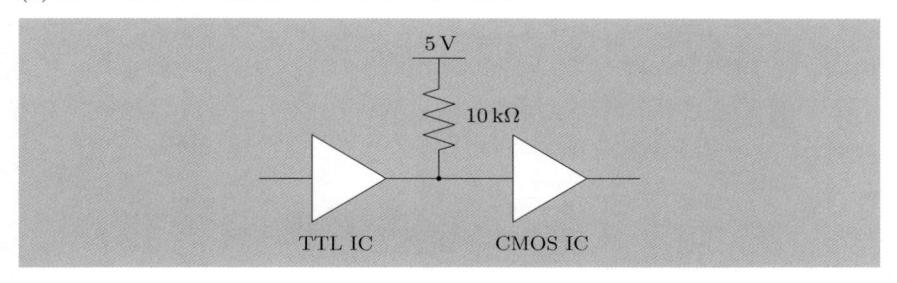

TTL IC の出力が High のとき，プルアップによって High の信号レベルがほぼ $5\,\text{V}$ まで上がる.

TTL IC の出力が Low のとき，プルアップの電流は $100\,\text{nA}$ であり，TTL IC 側に吸い込まれるため，Low レベルはそのまま維持され，問題はない.

4章

■ 4.1 半加算器は以下のように表現される.

$$S = A \oplus B, \quad C = A \cdot B$$

S について以下のように展開する

$$\begin{aligned}
S &= \overline{A} \cdot B + A \cdot \overline{B} = A \cdot \overline{B} + A \cdot \overline{A} + \overline{A} \cdot B + \overline{B} \cdot B \\
&= A \cdot \overline{A} + A \cdot \overline{B} + B \cdot \overline{A} + B \cdot \overline{B} = A \cdot (\overline{A} + \overline{B}) + B \cdot (\overline{A} + \overline{B}) \\
&= (A + B) \cdot (\overline{A} + \overline{B}) = (A + B) \cdot (\overline{\overline{\overline{A} + \overline{B}}}) = (A + B) \cdot (\overline{\overline{\overline{A}} \cdot \overline{\overline{B}}}) \\
&= (A + B) \cdot (\overline{A \cdot B}) = A \cdot \overline{A \cdot B} + B \cdot \overline{A \cdot B} = \overline{\overline{A \cdot \overline{A \cdot B} + B \cdot \overline{A \cdot B}}} \\
&= \overline{\overline{A \cdot \overline{A \cdot B}} \cdot \overline{B \cdot \overline{A \cdot B}}} = \overline{\overline{A \cdot \overline{C}} \cdot \overline{B \cdot \overline{C}}}
\end{aligned}$$

以上より回路は以下のようになる.

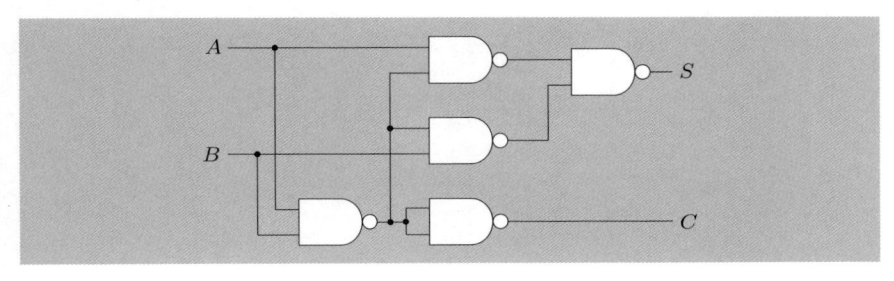

166 演習問題解答

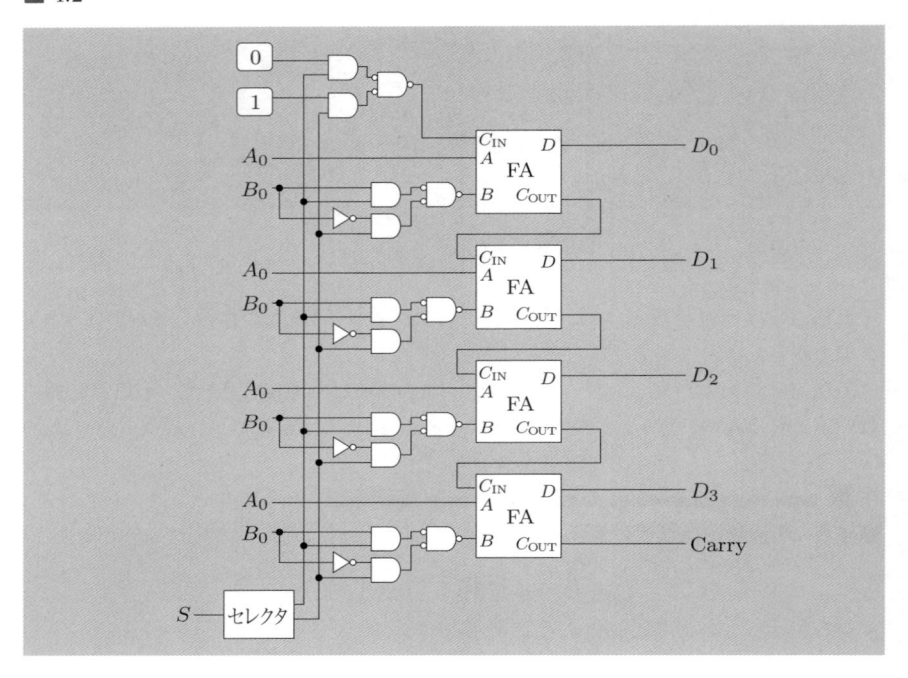

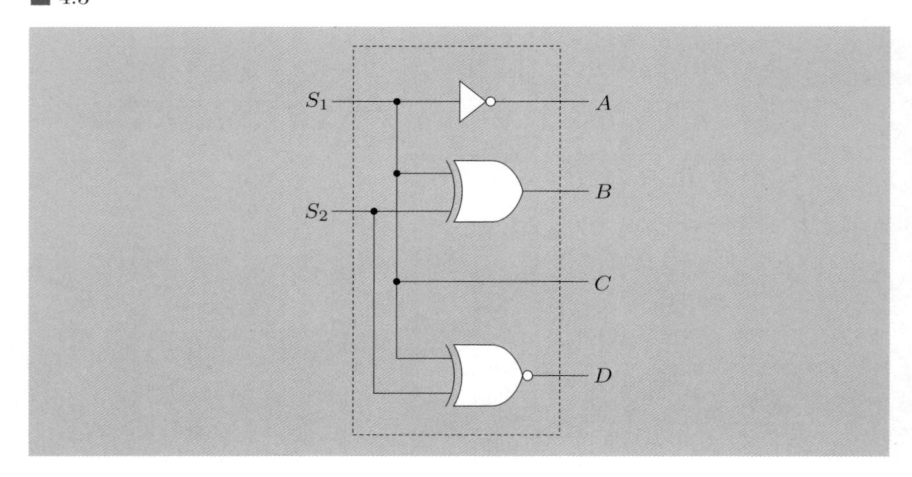

■ 4.2

■ 4.3

演習問題解答 **167**

5 章

■5.1　S が 1, R が 0 のとき, R 側の NAND の出力は 1 となる．よって $\overline{Q}$ は 1 が出力される．S 側の NAND には 2 つの 1 が入力されるため, その出力 Q は 0 となる．その後, R を 1 にしても 2 つの NAND の出力は変化しないため, 状態が保持される．

　S が 0, R が 1 のとき, 上記とは逆の状態となり, $Q = 1, \overline{Q} = 0$ となる．その後 S を 1 にしても 2 つの NAND の出力は変化しないため, 状態が保持される．

■5.2

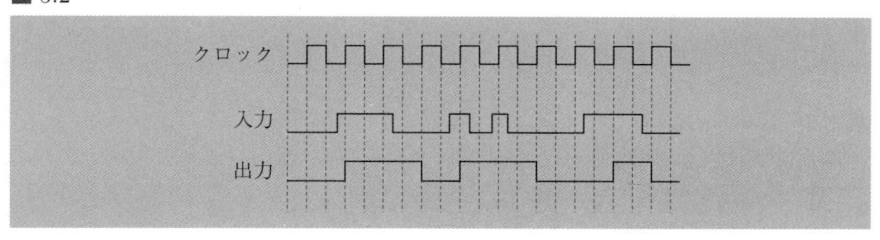

■5.3

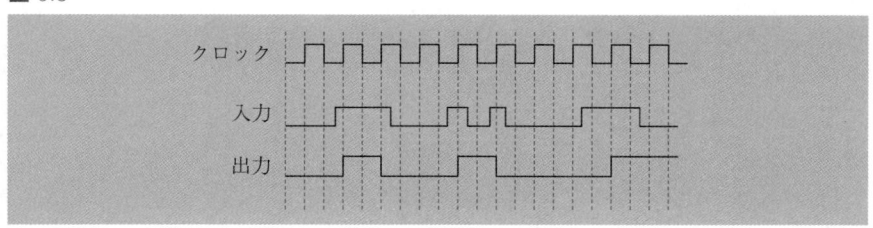

6 章

■6.1

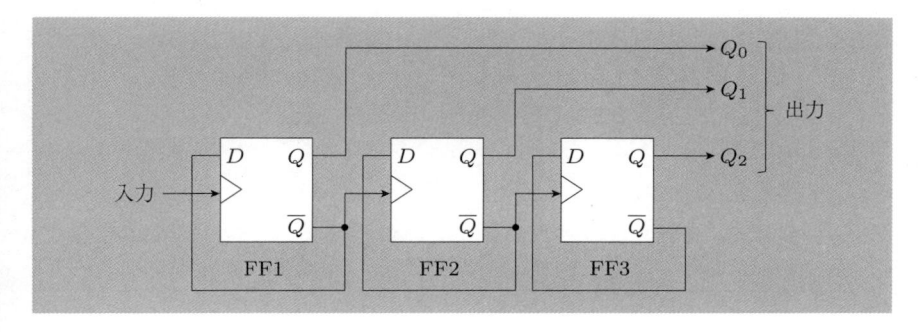

6.2

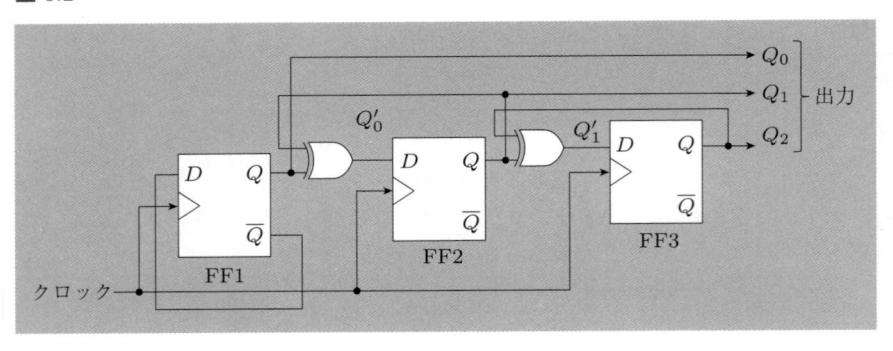

[FF1, FF2, FF3 を用いたカウンタ回路図]

6.3 $\tau = C \cdot R$

よって，

$$R = \frac{\tau}{C}$$
$$= \frac{1 \times 10^{-2}}{4.7 \times 10^{-6}}$$
$$= \frac{10 \times 10^{-1}}{4.7 \times 10^{-6}}$$
$$= 2.13 \times 10^5$$
$$= 213\,\mathrm{k\Omega}$$

7章

7.1

[状態遷移図: 0円 と 100円 の2状態。
- 0円 → 0円 (自己ループ): ・飲み物を出さない ・100円投入 ではない（0円）
- 0円 → 100円: ・飲み物を出さない ・100円投入
- 100円 → 100円 (自己ループ): 0円
- 100円 → 0円: ・飲み物を出す ・100円投入]

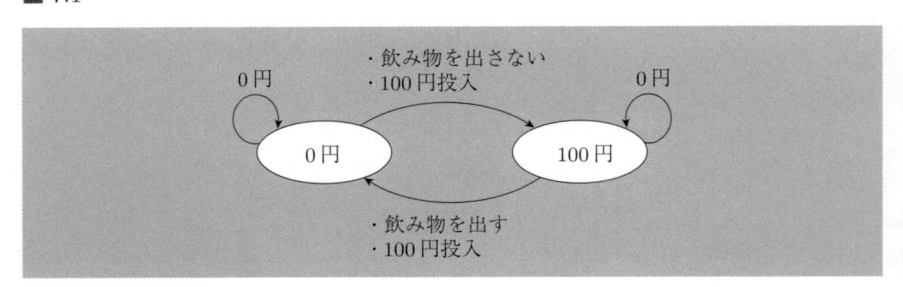

■ 7.2　一例としてストップウォッチのスイッチを Start, Stop, Lap の 3 つとし，状態をカウント停止，カウント状態，ラップ表示，リセットの 4 つとすると，以下のような図になる．

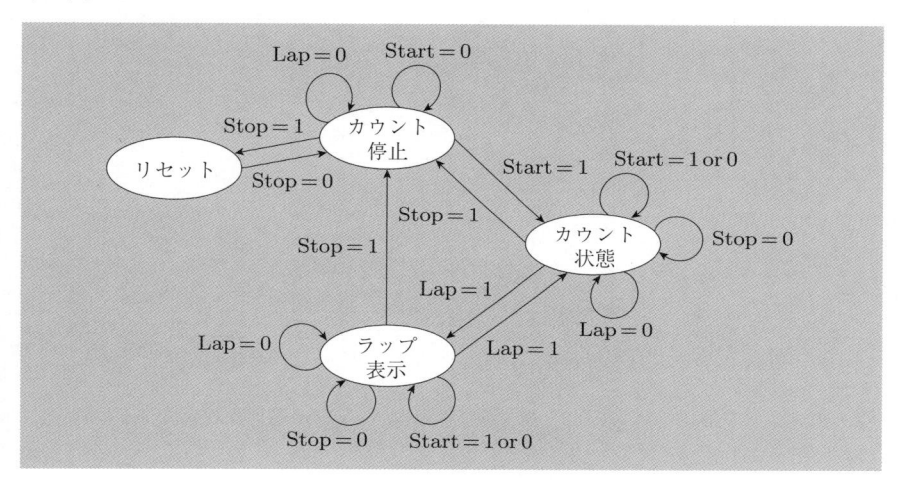

■ 7.3

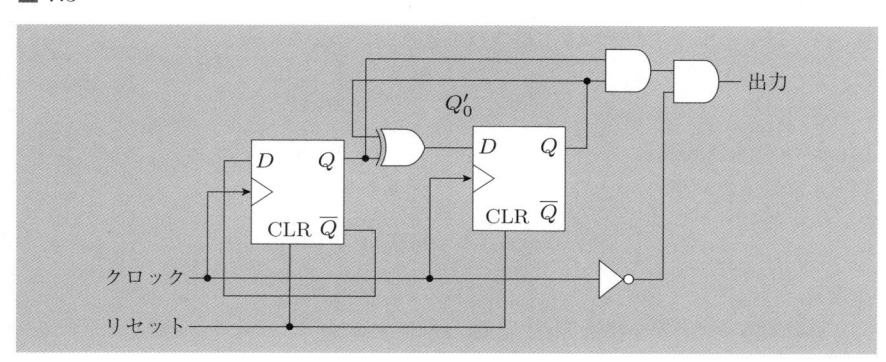

8章

■ 8.1

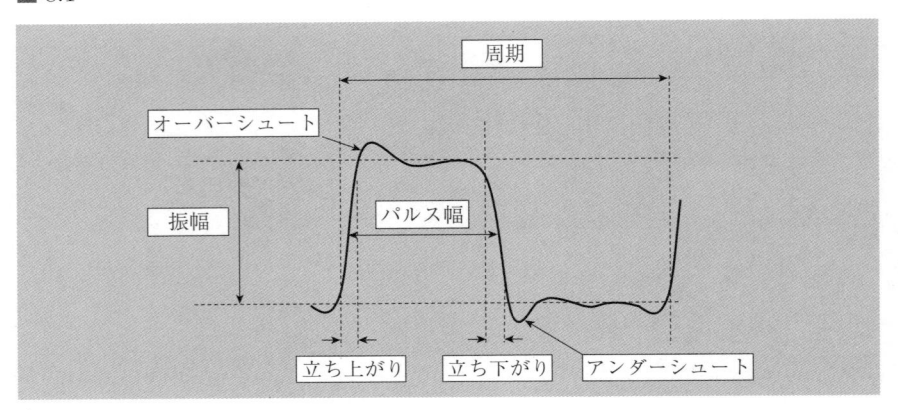

(図：パルス波形の各部名称 — 周期、オーバーシュート、振幅、パルス幅、立ち上がり、立ち下がり、アンダーシュート)

■ 8.2 以下の用途にはどのようなマルチバイブレータが適切か答えなさい．
(1) 双安定マルチバイブレータ
(2) 無安定マルチバイブレータ
(3) 単安定マルチバイブレータ

■ 8.3 以下の用途にはどのような AD 変換器が適切か答えなさい．
(1) フラッシュ型 AD 変換器
(2) 逐次比較型 AD 変換器
(3) Δ–Σ 型 AD 変換器

■ 8.4 デジタル情報は 4 ビットなので，16 通りある．よって，1 ビット辺りの電圧は

$$3.3 \div 16 = 0.20625\,\text{V}$$

となる．

2 進数であるデジタル情報 1100 は 10 進数にすると，12 となるので，1 ビット辺りの電圧を 12 倍すればよい．よって，

$$0.20625\,\text{V} \times 12 = 2.475\,\text{V}$$

となる．

9章

■ 9.1　(1) DRAM
(2) SRAM
(3) ROM
(4) Flash ROM または Flash Memory

■ 9.2

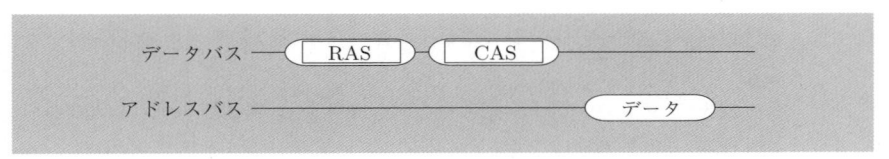

```
データバス ──◯ RAS ◯──◯ CAS ◯──────────────
アドレスバス ──────────────────────◯ データ ◯──
```

■ 9.3

$$L = (X+Y) \cdot (X+Z)$$
$$= \overline{\overline{(X+Y) \cdot (X+Z)}} = \overline{\overline{(X+Y)} + \overline{(X+Z)}}$$
$$= \overline{\overline{\overline{(X+Y)}} + \overline{\overline{(X+Z)}}} = \overline{\overline{(\overline{X} \cdot \overline{Y})} + \overline{(\overline{X} \cdot \overline{Z})}}$$
$$= \overline{(\overline{X} \cdot \overline{Y}) + (\overline{X} \cdot \overline{Z})}$$

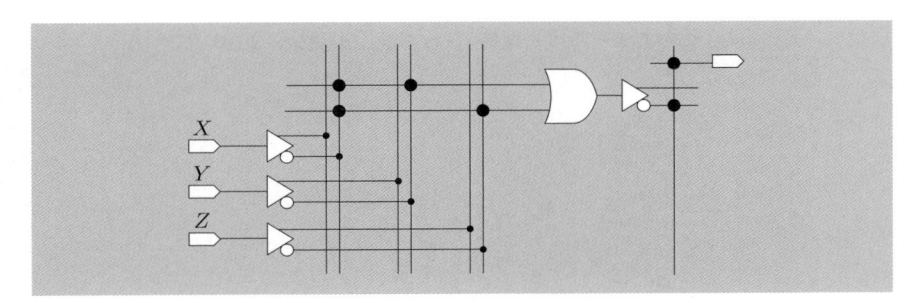

参考文献

[1] 木村誠聡, 真岸一路,「デジタル電子回路のキホンのキホン」, 秀和システム, 2010
[2] 木村誠聡,「アナログ電子回路のキホンのキホン」, 秀和システム, 2008
[3] 木村誠聡,「電子回路のキホン」, ソフトバンククリエイティブ, 2011
[4] 志村正道,「電子回路（ディジタル編）」, 昭晃堂, 1976
[5] 堀桂太郎,「ディジタル電子回路の基本」, 東京電機大学出版局, 2003
[6] 野地保,「分かりやすく図で学ぶコンピュータアーキテクチャ」, 共立出版, 2004
[7] 赤堀寛, 速水治夫,「基礎から学べる論理回路」, 森北出版, 2002
[8] 斎藤忠夫,「ディジタル回路」, コロナ社, 1982
[9] 田丸敬吉,「ディジタル回路」, 昭晃堂, 1994
[10] 猪瀬博, 後藤公雄,「パルス回路」, 産業図書, 1978
[11] 萩原宏, 黒住祥祐,「現代　電子計算機　ハードウェア」, オーム社, 1982
[12] 大類重範,「ディジタル電子回路」, 日本理工出版会, 2010

索　　　引

あ 行

アップカウンタ　89
アドレス信号　150
アンダーシュート　115
安定状態　74
位相　14
エミッタ接地回路　122
エンコーダ　66
エンディアン　16
オーバーシュート　115
遅れ時間　54
オフ状態　43
オン状態　43

か 行

カウンタ　89
加算回路　60
偽　24
記憶回路　88
基数　2
基本論理演算子　24
キルヒホフの法則　144
矩形波　114
組み合わせ回路　58, 88
クロック　78
交番2進符号　16
コンパレータ　71

さ 行

時定数　98, 118
シフトレジスタ　95
遮断状態　43
周期　13
周期時間　13
集積回路　11
周波数　13
シュミットトリガ　136

順序回路　88

小数　4
状態　102
状態遷移図　103
奨励動作条件　51
真　24
真理値　24
真理値表　27
スイッチング特性　51, 54
ステートマシン　102
制御信号　150
整流特性　42
正論理　12
絶対最大定格　51
セレクタ　68
全加算器　62
双安定マルチバイブレータ　131

た 行

ターンオフ　123
ターンオン　123
ダイオード　42
ダウンカウンタ　89
多項式　2
立ち上がり　78
立ち上がり時間　115
立ち下がり　78
立ち下がり時間　115
単安定マルチバイブレータ　129
逐次比較型　140
データ信号　150
デコーダ　66
デッドロック　109
デマルチプレクサ　68
デューティ比　116
電圧　10
電気的特性　51
伝搬遅延時間　54, 77

電流加算型　144
同期式カウンタ　92
導通状態　43
トグル　83
ド・モルガンの定理　30
トランジスタ　43
トリガ　131

な行

二重積分型　141

は行

ハーフアダー　60
排他的論理和　25
バイト　15
ハザード　104, 138
揮発性　151
パルス間隔　116
パルス信号　114
パルス振幅　115
パルス幅　115
半加算器　60
半導体素子　42
ヒステリシス　135
ビッグエンディアン　16
ビット　15
否定論理積　25
否定論理和　26
非同期回路　77
非同期式カウンタ　90
標本化　18
ファンアウト　52
ブール代数　29
不揮発性　151
復号器　66
符号化　20, 140
符号器　66
符号付き絶対値表現　7
フラッシュ型　142
フリップフロップ　74
フルアダー　62
負論理　12
方形波　114
補数　7

ま行

マスクROM　154

マルチバイブレータ　126
マルチプレクサ　68
ミーリマシン　104
無安定マルチバイブレータ　127
ムーアマシン　104
命題　24
命題変数　24
メモリ　150

ら行

ラダー　145
離散化　140
リセット　98
リトルエンディアン　17
量子化　20, 140
量子化誤差　20
リングカウンタ　96
レジスタ　95
連除法　3
連倍法　4
論理演算子　24
論理学　24
論理関数　27
論理記号　26
論理数学　24
論理積　24
論理積回路　43
論理否定　24
論理否定回路　45
論理和　24
論理和回路　44

わ行

ワード　15

数字・欧字

1の補数　8
2進化10進数　15
2進数　2
2の補数　8
10進数　2
4000シリーズ　50
74LS74　84
74シリーズ　48
AD変換　140
AND　24
AND Array構造　158

索　引

AND-OR 固定型　158
CAS　154
CLK　78
CMOS　47, 49
DA 変換　144
DTL　47
D フリップフロップ　83
ECL　11, 47
EEPROM　155
EPROM　155
ExOR　25
Field Programmable Gate Array　157
Flash Memory　156
FPGA　157
High　11
JK フリップフロップ　80
Low　11
LSB　15
LSI　11
MIL 記号　26

MOS 型 FET　47
MSB　15
NAND　25
NOR　26
NOT　24
N 進カウンタ　92
OR　24
PLD　157
Programmable Logic Array　157
PROM　154
R-2R ラダー型　145
RAM　151
RAS　154
ROM　151
SI 単位系　10
SR フリップフロップ　75
TTL　10, 47
T フリップフロップ　82
WDT　109

著者略歴

木村　誠聡（きむら　ともあき）

1981 年	東京都立秋川高等学校卒業
1985 年	日本大学工学部電気工学科卒業
1985 年	日本アイ・ビー・エム（株）入社
	主に磁気記録装置の生産技術，製品開発などを担当
2007 年	神奈川工科大学情報学部情報工学科教授
	電子情報通信学会，電気学会，応用物理学会等会員
	博士（工学）

主要著書

デジタルカメラ（共著，ナツメ社）2002 年
アナログ電子回路のキホンのキホン（秀和システム）2008 年
デジタル電子回路のキホンのキホン（秀和システム）2010 年
電子回路のキホン（ソフトバンククリエイティブ）2011 年

電気・電子工学ライブラリ＝UKE–A7
ディジタル電子回路

2012 年 5 月 25 日 ⓒ　　　　　　　初 版 発 行

著者　木村誠聡　　　発行者　矢沢和俊
　　　　　　　　　　印刷者　中澤　眞
　　　　　　　　　　製本者　関川安博

【発行】　　　　　株式会社　数理工学社
〒151–0051　東京都渋谷区千駄ヶ谷 1 丁目 3 番 25 号
編集 ☎(03)5474–8661(代)　　　サイエンスビル

【発売】　　　　　株式会社　サイエンス社
〒151–0051　東京都渋谷区千駄ヶ谷 1 丁目 3 番 25 号
営業 ☎(03)5474–8500(代)　　振替 00170–7–2387
FAX ☎(03)5474–8900

組版　ビーカム
印刷　シナノ　　　　　　　製本　関川製本所
《検印省略》

本書の内容を無断で複写複製することは，著作者および出版者の権利を侵害することがありますので，その場合にはあらかじめ小社あて許諾をお求め下さい。

サイエンス社・数理工学社の
ホームページのご案内
http://www.saiensu.co.jp
ご意見・ご要望は
suuri@saiensu.co.jp　まで

ISBN978-4-901683-86-9
PRINTED IN JAPAN

━━━━ 新・電気システム工学 ━━━━

電気工学通論
仁田旦三著　2色刷・A5・上製・本体1700円

基礎エネルギー工学
桂井　誠著　2色刷・A5・上製・本体2200円

電気電子計測
廣瀬　明著　2色刷・A5・上製・本体2300円

システム数理工学
意思決定のためのシステム分析
山地憲治著　2色刷・A5・上製・本体2300円

電気機器学基礎
仁田・古関共著　2色刷・A5・上製・本体2500円

高電圧工学
日髙邦彦著　2色刷・A5・上製・本体2600円

現代パワーエレクトロニクス
河村篤男著　2色刷・A5・上製・本体1900円

＊表示価格は全て税抜きです．

━━━ 発行・数理工学社／発売・サイエンス社 ━━━

― 新・電子システム工学 ―

ＭＯＳによる電子回路基礎
池田　誠著　２色刷・Ａ５・上製・本体2000円

ＶＬＳＩ設計工学
SoCにおける設計からハードウェアまで
藤田昌宏著　２色刷・Ａ５・上製・本体2200円

＊表示価格は全て税抜きです．

― 発行・数理工学社／発売・サイエンス社 ―

━━━ 新・情報/通信システム工学 ━━━

ディジタル回路
五島正裕著　2色刷・A5・上製・本体2300円

データ構造とアルゴリズム
五十嵐健夫著　2色刷・A5・上製・本体1600円

ネットワーク工学
インターネットとディジタル技術の基礎
江崎　浩著　2色刷・A5・上製・本体2300円

システム工学の基礎
システムのモデル化と制御
伊庭斉志著　2色刷・A5・上製・本体1950円

＊表示価格は全て税抜きです．

━━━ 発行・数理工学社／発売・サイエンス社 ━━━

━━ 電子・通信工学 ━━

電気回路通論
電気・情報系の基礎を身につける
小杉幸夫著　2色刷・A5・上製・本体1800円

論理回路
一色・熊澤共著　2色刷・A5・上製・本体2000円

ディジタル通信の基礎
ディジタル変復調による信号伝送
鈴木　博著　2色刷・A5・上製・本体2400円

電気電子物性工学
岩本光正著　2色刷・A5・上製・本体2100円

電磁波工学入門
高橋応明著　A5・上製・本体2100円

＊表示価格は全て税抜きです．

━━ 発行・数理工学社／発売・サイエンス社 ━━

―=―=―= 電気・電子工学ライブラリ =―=―=―

電気電子基礎数学
　　　川口・松瀨共著　２色刷・Ａ５・並製・本体2400円

ディジタル電子回路
　　　木村誠聡著　　２色刷・Ａ５・並製・本体1900円

電力システム工学の基礎
　　　加藤・田岡共著　２色刷・Ａ５・並製・本体1550円

＊表示価格は全て税抜きです．

―=―= 発行・数理工学社／発売・サイエンス社 =―=―=